Jakob Maehly

Sebastian Castellio

Ein biographischer Versuch nach den Quellen

Jakob Maehly

Sebastian Castellio
Ein biographischer Versuch nach den Quellen

ISBN/EAN: 9783741165986

Hergestellt in Europa, USA, Kanada, Australien, Japan

Cover: Foto ©Raphael Reischuk / pixelio.de

Weitere Bücher finden Sie auf **www.hansebooks.com**

Sebastian Castellio.

Ein biographischer Versuch nach den

von

Jakob Maehly, phil. Dr.

———— ❦ ————

Basel,

Bahnmaier's Verlag (C. Detloff).

1862.

Einleitung.

Es ist nicht das erste Mal, daß die Lebensverhältnisse des Philologen und Theologen Sebastian Castellio zum Gegenstand
historischer Forschung und Darstellung werden; neben einer großen
Anzahl theils ausführlicher theils knapp gehaltener Umrisse, ge-
legenheitlicher oder officieller Darstellungen seines Lebens nach
äußerer oder innerer Erscheinung, neben einer Fluth der verschiedensten Urtheile über des Mannes Charakter und geistigen Gehalt
hat dieser im letzten Viertel des vorigen Jahrhunderts einen eigentlichen Biographen gefunden in der Person des Chorherrn Johann
Conrad Füßlin,[1]) und vor noch nicht langer Zeit hat das Basler
Taschenbuch neben einem leiblichen Conterfei Castellio's, auch
ein geistiges Bild desselben in der durch die Umstände gebotenen
Beschränkung zu liefern versucht.[2]) — Nichtsdestoweniger hat eine
neue Prüfung des biographischen Materials in seiner möglichsten
Vollständigkeit nicht nur ihr Recht, sondern auch ihre Resultate;
es ist seit Füßlin Manches hinzugekommen, manches schon Vor-
handene verwerthet worden, was die äußeren und inneren Lebens-
merkmale jenes Gelehrten schärfer zeichnet oder voller ausmalt;[3])
und wenn auch Vieles noch unaufgehellt bleiben muß und manche
der am meisten berechtigten Fragen, in wichtigen und inhaltreichen
Abschnitten, kaum unsichere Vermuthung, geschweige gründliche
Beantwortung findet, so liegt doch in dem Neugewonnenen Lohn
genug für die Mühe der Untersuchung. Möglich, daß eine glück-
lichere Hand nicht nur neuen Stoff, sondern in dem alten sogar

neue Bezüge, Gesichtspunkte und Streiflichter findet. Der Einwand, daß die Bedeutung Castellio's keine solche sei, um eine ausführ= liche aktenmäßige Darstellung seines Lebens zu rechtfertigen, dürfte kaum von irgend jemand erhoben werden, der die Geschichte und die Geschicke jenes Gelehrten auch nur oberflächlich kennt, jene Geschicke, die ihn so tragisch verflochten haben mit den theologi= schen Kämpfen und Stürmen seiner Zeit, mit dem reformatorischen Wirken Calvin's und Beza's. Diese Beiden haben wenigstens den Mann und dessen Einfluß für wichtig genug gehalten, um mit aller und vereinter Kraft gegen ihn anzukämpfen, ein Kampf, man kann wohl sagen auf Leben und Tod, indem die eine Parthei, Ca= stellio, nach wechselnden Siegen und Niederlagen, endlich das Leben auf der Wahlstatt gelassen hat. Es ist also nicht ein einseitig patriotischer Gesichtspunkt, der den Verfasser einer neuen Schil= derung Castellio's leitet, patriotisch, in so fern dieser die meiste und inhaltschwerste Zeit seines Lebens in Basel als Privatgelehrter und als öffentlich angestellter Lehrer zugebracht, in Basel auch Tod und Grab gefunden hat — es ist die hohe Bedeutung des Mannes auf dem gelehrten und religiösen Gebiet, welche Grund der For= schung geworden ist. Freilich muß der Verfasser hier das Geständ= niß ablegen, daß er am Anfang seiner Beschäftigung mit jenem Gelehrten zunächst dessen philologische Bedeutung im Auge hatte; sie schien hinlänglich gerechtfertigt durch das vaterländische Interesse, im Verlauf der Untersuchung aber stellte sich mehr und mehr die Ueberzeugung heraus, daß jene Sphäre zur richtigen und vollen Würdigung des Mannes durchaus nicht zureichend sei und daß das theologische Gebiet nothwendig auch müsse herbeigezogen wer= den. Zwar sind es nun allerdings meist Fragen allgemein mensch= licher Natur, in denen sich Castellio bewegt und sein Streitpferd herumgetummelt hat, Fragen, die dem Gebildeten überhaupt, nicht nur dem spezifischen Theologen nahe liegen, wie die Toleranzfrage, der Kampf gegen die calvinistische Prädestinationslehre u. a. m.; doch auch rein theologische, der Interpretation und Exegese einzelner dogmatischer Punkte, der höheren oder niederen Bibelkritik ange= hörige Gegenstände spielen ihre Rolle; diese hat der Verfasser nur mit Widerstreben und so flüchtig als möglich berührt, weil sie nicht seines Amtes waren, darüber auch sein Urtheil so viel wie möglich zurückgehalten; sollte dennoch dem Einen zu viel, dem Andern zu wenig darin geleistet sein, so wird der billig denkende Fachmann die Entschuldigung des Verfassers eben in jenem Bekenntniß suchen, daß er sich nicht in einem heimischen Gebiete bewegte.

Heimath und Name; Studien; Lyon und Straßburg.

So gewiß es ist, daß Castellio im Jahre 1515 geboren wurde, so ungewiß war bis auf die neueste Zeit der Ort seiner Heimath. Man glaubte zwar als unzweifelhaft sicher annehmen zu müssen, daß er aus Chatillon gebürtig sei, und aus der Unzahl der Flecken dieses Namens [4] durfte man mit Recht sich auf gewisse Grenzen beschränken, aber innerhalb dieser Grenzlinien schien doch kein ganz sicherer Anhaltspunkt gegeben, insofern es auch hier noch Chatillons zur Auswahl gab. Noch Bayle zweifelte, ob das wahre Chatillon in der Dauphiné oder in Savoyen zu suchen sei. Denn wenn dem Castellio in seinem Epitaph das Land der alten Allobrogen als Heimath zugewiesen wird, so ist auch dieser Complex, besonders wenn es sich mehr um einen classischen Namen als um eine scharfe Bezeichnung handelte, noch ziemlich weitschichtig und unsicher. [5] Selbst die Angabe der Genfer Autoren, welchen amtliche Verzeichnisse zu Gebote standen, daß Chatillon en Bresse Castellio's Geburtsort sei, konnte den letzten Zweifel nicht lösen, indem jene damals ganz zu Savoyen gehörige Landschaft zwei Flecken dieses Namens aufweist, den einen diesseit, den andern jenseit der Rhone. [6] Jedenfalls aber lag zur Zeit seiner Geburt seine Heimath in Savoyen und nicht im damaligen Frankreich; das schließen wir weniger aus der Angabe eines Schülers und genauen persönlichen Bekannten Castellio's [7] oder aus Wurstisen's Bericht, sondern aus den Worten Castellio's selber, der sich nicht nur gegenüber Calvin und Beza indirekt vor gallischem Ursprung verwahrt, [8] sondern auch gelegentlich die etwaigen Mängel seiner Schreibart mit ihrer savoyischen Heimath entschuldigt*). Ebenso gewiß ist

---

*) Seb. Castellio C. S. Curioni (in Olymp. Morata.... opera Basil. 1570):.... si quid Sabaudicum, id est male cultum aut parum aptum et latinum videbitur, id mihi significandum cures etc.

nun aber, daß kein Chatillon sich als seinen Geburtsort zu rüh=
men hat. Eine aus urkundlichen Verzeichnissen in Genf gezogene
Notiz meldet, daß er in dem Dorfe Saint Martin du Frèsne, eine
halbe Stunde von Nantua, geboren sei.[9] Diese Angabe verdient
schon deßwegen unbedingtes Vertrauen, weil die entgegenstehende,
welche Chatillon als Geburtsort nennt, ihren Ursprung in der leicht
entschuldbaren Verwechslung mit oder der Herleitung des persön=
lichen Namens aus dem der Heimath hat, wie dieß besonders bei
Gelehrten allerdings sehr oft der Fall war.[10] Da sie auch so
dem Wahren ziemlich nahe steht — in örtlicher Beziehung näm=
lich[11]) — so mochte sie schon zu Castellio's Lebzeiten sich ohne
Widerlegung geltend gemacht haben.

Ueber Castellio's Jugend ist nicht viel bekannt. Seine Eltern
waren arme bigott=katholische Landleute, die ihn zwar rechtschaffen
erzogen, aber durchaus nicht die Mittel hatten ihm eine höhere
Bildung angedeihen zu lassen; es liegt auch hier ein Beispiel vor,
daß innerer Trieb und angeborene Neigung durch alle äußeren
Schranken und Hindernisse hindurch sich den Weg bahnt. „Seine
Geburt," heißt es bei Clarmund, „wurde der Mutter sehr sauer
gemacht, indem sie bald darüber crepiret wäre." Ich führe diesen
Passus weniger wegen seiner eigenthümlichen Ausdrucksweise an,
als deßwegen, weil ich seine Quelle nicht zu entdecken vermag.
Ebenso wenig kann ich die von demselben Autor überlieferte Nach=
richt weiter zurück verfolgen, daß Castellio ein Malzeichen auf
dem linken Arm mit sich auf die Welt gebracht habe; es müßte
denn eine Verwechslung mit Oporin vorliegen. Dieser mit Ca=
stellio später Jahre lang eng verbunden und in steter geschäft=
licher Beziehung stehende Mann hatte ein Muttermal, welches
daraus erklärt wurde, daß seine Mutter während ihrer Schwanger=
schaft einen Vatermörder hatte hinrichten sehen.[12] Als Beispiel
von seines Vaters rechtlichem Sinn pflegte Castellio dessen Worte
anzuführen, die er seinem Gedächtniß durch öfteres Anhören ein=
geprägt hatte: „Ou rendre, ou pendre ou les peines d'enfer
attendre."

Mit diesen mehr als spärlichen Zügen ist nun aber die Ge=
schichte Castellio's während seines Aufenthalts im Vaterhause ab=

gethan und wir finden ihn wieder in Lyon, [13]) wo ihm theils durch Unterstützung wohlwollender Leute, welche das entschiedene Talent des Jünglings erkannten, theils aber auch durch eigene Thätigkeit der Aufenthalt ermöglicht wurde, indem er eine Art Mentoramt über drei junge Adelige anvertraut erhielt. [14]) Der zu ertheilende Unterricht bestand hauptsächlich in der griechischen Sprache, wie er sich denn mit großer Vorliebe und einem Wissensdurst, der seinem Talente gleich kam, auf das Studium der Sprachen warf. Wäre er dabei verblieben, so ist kein Zweifel, daß ihm ein ruhigeres, sorgenfreieres und behaglicheres Leben beschieden gewesen wäre, und er hätte in der profanen Wissenschaft sicher als Einer der Ersten seine Lorbeeren errungen; daß er anders gewählt und trotz den bittersten Anfechtungen und den schwersten Erfahrungen bei seiner einmal getroffenen Wahl verharrt hat, thut seinem Charakter als Mensch und seinem Nachruhm bei der Nachwelt gewiß keinen Abbruch. Regelrechte academische oder Universitätsstudien hat er nie getrieben [15]) — das wird ausdrücklich überliefert — er war ein völliger Autodidact. In Lyon trug sich eine Begebenheit zu, welche von einigem Einfluß auf den Namen Castellio's gewesen ist. Einer seiner Kameraden rief ihn aus Irrthum bei dem Namen Castalio und diese Benennung gefiel dem jungen Manne, da sie eine classische Erinnerung — an den Musenquell Castalia nämlich — wachrief, dermaßen, daß er sofort den väterlich angeerbten Namen [16]) mit dem neuen, nobleren, zu vertauschen beschloß. Erst im Jahr 1558 nahm er den aus jugendlicher Eitelkeit angenommenen und auf manchen seiner Schriften prangenden Namen zurück [17]) und schrieb sich von nun an Castellio, obschon das 16. und 17. Jahrhundert jenen Namen meist vorzog. [18])

Von Lyon wandte sich Castellio, wir wissen nicht ob auf irgend eine Veranlassung oder auf gut Glück, nach Straßburg. wo er zum ersten Mal mit Calvin bekannt wurde. Lange dauerte sein Aufenthalt nicht, doch lange genug, um jene Bekanntschaft zu einer einflußreichen, zuletzt verhängnißvollen für Castellio werden zu lassen. Er selbst gibt lange nachher (in der schon angeführten defensio) ein Stück Schilderung des Straßburger Lebens,

die hie und da, sofern sie einen apologetischen Charakter trägt
und ihn von der gegen ihn erhobenen Klage des Undanks reini=
gen soll, etwas subjektiv gefärbt sein mag. — Das Stoffliche
darin ist indeß gemäß der großen Wahrheitsliebe Castellio's ge=
wiß richtig: „Ich lebte — heißt es dort — sieben oder höchstens
acht Tage in deiner Wohnung. Inzwischen wünschte eine ablige
Französin, ein Fräulein Du Verger mit ihrem Sohn und dessen
Diener daselbst einzuziehen. Da aber für den Diener kein Raum
zu einer Schlafstelle war, so batest du mich geziemend, ihm Platz
zu machen. Ich erfüllte deinen Wunsch, bezahlte dir die Kost
und bin so mit deinem Willen von dir geschieden. Nachher als
in deiner Wohnung dein Diener, mein Landsmann Jean Chevant
pestkrank geworden war, wurde ich von deinen Leuten zu ihm
gerufen; ich ging und pflegte in deinem Dienst und von deinem
Brote lebend den Kranken bis zu dessen Tode (wiederum ungefähr
sieben Tage). Später bin ich nie wieder dein Kostgänger gewe=
sen.“ Hierauf, als Calvin in Regensburg abwesend war, starb
in seiner Wohnung zu Straßburg ein Hausgenosse an der Pest,
und die Aerzte riethen den Uebrigen eine Veränderung des Wohn=
ortes. Der Bruder Calvin's kam zu Castellio*) und ersuchte
diesen, mit seinem Miethsherrn zu sprechen, daß dieser seine Woh=
nung hergäbe. Der Miethsherr ließ sich durch Fürsprache des
Castellio bewegen und dieser selbst räumte sein Bett, damit die
Kranken besser Platz hätten. Da starb einer an der Pest, ein
anderer erkrankte. Castellio war unablässig um sie bemüht.
(Namhafte Männer werden als Zeugen genannt.) Nachdem Cal=
vin bei seiner Zurückkunft die Vorfälle vernahm, drückte er gegen
Castellio sein Bedauern und seine Reue aus, daß er ihn wegen
einer Frau aus seinem Hause vertrieben habe.

Es ist ungewiß, ob Calvin's Name den Castellio nach Straß=
burg zog und in welchem wissenschaftlichen oder überhaupt geistigen
Verhältnissen dieser zu dem berühmten Manne in Straßburg stand.

---

*) Es ist demnach unrichtig, was Beck, Gelehrtes Basel, behauptet,
daß Calvin auf den Reichstag von Regensburg „den Castellio nebst andern
Kostgängern mitgenommen.“

Calvin war damals von den Libertinern aus Genf vertrieben nach Straßburg gekommen und hatte hier durch Vermittlung der Scholarchen einen wenigstens zeitweiligen Wirkungskreis gefunden: er sollte gegen wöchentliches Honorar von einem Gulden theologische Vorlesungen halten; zu gleicher Zeit versah er auch das Amt eines Predigers bei der Gemeinde der religionsflüchtigen Franzosen (in der Kirche der Büßerinnen von St. Niclaus).[19] Es ist aber sehr wahrscheinlich, daß ein wissenschaftlicher Verkehr zwischen beiden Männern stattfand, der wenigstens hinreichend war, den Genfer Reformator von den großen Talenten und Kenntnissen Castellio's zu überzeugen, denn ohne diese selbst geschöpfte Ueberzeugung würde Calvin dem Castellio niemals zu der Stelle in Genf verholfen haben, welche wir diesen im nächsten Abschnitt werden bekleiden sehen. Sein männliches Benehmen während der Pest allein, wenn es auch sehr zu Gunsten seines Charakters sprach und Calvin mit Achtung erfüllte, hätte ihn natürlich noch nicht zu einem Lehramte befähigt. Es ist darum nicht unwahrscheinlich, daß schon hier der übermächtige Einfluß der Persönlichkeit Calvin's ihn zu theologischen Untersuchungen anregte, die hier in voller Sympathie mit den Lehren des Reformators ihren Anfang nahmen, bis sie in Genf das freundliche Einvernehmen so bitter und so folgenschwer trübten.

Aufenthalt und Zerwürfnisse in Genf.

Wahrscheinlich noch im Jahre 1541 [20]) wird Castellio nach
Genf an das Rectorat einer Schule berufen, auf Empfehlung
Calvin's und einflußreicher Freunde desselben. Ungern, behauptet er
später, habe er den Ruf angenommen. [21]) Fühlte er sich zu schwach?
oder ist der Ausdruck von dem Wunsch eingegeben, von jeder Verpflichtung gegen Calvin sich los und ledig zu erklären? Ich halte
das Erstere für das Richtige. Der Mann war zu gewissenhaft
und ehrlich, um wirkliche Wohlthaten schmälern zu wollen. Die
Schule, deren Vorsteher Castellio ward, war durch Beschluß des
Raths einige Jahre vorher (1536) errichtet worden „für die Erziehung der Jugend". Eine ordentliche Schule war früher nicht
da, die ehemalige école de Versonex, an deren Stelle nun eben
das collége de Rive trat, konnte kaum für eine solche gelten.
Rive war ein unterhalb des Minoritenklosters gelegener Ort.
Der erste Directeur en régent der neu gegründeten Schule war
Anton Sonier aus der Dauphiné gewesen mit einer Besoldung von
ungefähr 200 Franken (100 écus d'or soleil = Fr. 215. 38);
unter dem Rector standen noch zwei Subalternen (sous-maîtres
oder baccheleurs), welche von ihm selbst gewählt wurden. Er
hatte übrigens noch Pensionnäre in seiner Wohnung, welche zur
Aufbesserung seines allerdings nicht glänzenden Gehaltes dienten.
Durch häufigen Wechsel der Rectoren wie durch die religiösen und
politischen Zänkereien war die Schule bald nach ihrer Stiftung
wieder in Verfall gerathen. Castellio sollte ihr aufhelfen. [22]) An-
fangs war er nur provisorisch unter dem Titel maître des écoles
angestellt, bald darauf aber, schon im Jahre 1542, bleibend, als
régent mit der Verpflichtung, von Zeit zu Zeit in Vandoeuvres
zu predigen, einem Kirchspiele, welches damals noch keinen betitelten
Pfarrer hatte. Mit seiner Leitung scheint man später (1544) nicht

ganz zufrieden gewesen zu sein, denn als er sich beim Rath beklagte
über seine geringe Besoldung (welche 450 fl. betrug*), wurde ihm
die Antwort: „beſſer über seine Schüler zu wachen und man
werde für die Schule thun, was nöthig sei."[23]) Man scheint
es übrigens mit dieſem Urtheil nicht ſtreng nehmen zu dürfen,
denn Castellio war damals schon stark anrüchig wegen seiner Zer-
würfniſſe mit Calvin in Folge theologiſcher Sonderanſichten, welche
durch jene Verpflichtung zum Predigen ihre bestimmte Geſtalt und
ihren entſchiedenen Charakter annehmen mochten. Es ist demnach
mehr als wahrſcheinlich, daß man dem läſtigen, durch seine Starr-
heit anſtößigen Manne gern auch einen Hieb auf sein pädago-
giſches Gewiſſen gab.[24]) Seine Stellung in Genf wurde mehr
und mehr unhaltbar, weil er sich nicht in allen dogmatiſchen
Punkten mit Calvin einverſtanden erklärte. Schon 1543 erklärte
dieſer dem Rath, daß Castellio zwar ein sehr gelehrter Mann sei,
aber eine Anſicht habe, welche ihn zum Predigtamt untauglich
mache.[25]) Dieſer Differenzpunkt bezog sich auf das Hohelied
Salomonis, welches Calvin für canoniſch und heilig hielt, Caſtellio dagegen verwarf, mit dem Beifügen, daß Salomon, als
er das 7. Capitel verfaßte, der Narrheit verfallen geweſen und von
der Weltluſt, nicht vom heiligen Geiſt geleitet worden sei.[26]) Nach
einer Diſputation, welche Calvin mit Genehmigung des Raths
veranſtaltet hatte, sah sich Castellio weniger durch die Gründe
seines Gegners, als weil er die weltliche Macht auf der Seite
deſſelben sah, zu der Erklärung gezwungen, daß er das besagte
Buch „laſſe, wie es sei"[27]) und in Betreff eines zweiten Streit-
punktes, welcher sich ebenfalls ergeben hatte, der Höllenfahrt
Chriſti, fand er für gut es auszuſprechen, daß er darüber noch
nicht recht entſchieden sei, im Uebrigen aber dieß Dogma für gött-
lich und heilig halte. Darauf beſchloß der Rath, daß die beiden
Streiter künftighin unter sich[28]) ihre gelehrten Differenzen ab-
machen ſollten, ohne sie öffentlich werden zu laſſen.[29]) Indeß an

---

*) Es ist das zwar nicht wenig, nach dem Geldwerth der damaligen
Zeit, indeſſen mußte Castellio wahrſcheinlich gleich seinem Nachfolger Unterlehrer
daraus besolden.

eine friedliche Verständigung war zwischen den beiden Männern, die mit gleicher Zähigkeit an ihren Ueberzeugungen hingen, nicht zu denken. Calvin beklagte sich bitter bei seinem Freund Farel in Lausanne über Castellio's Wüthen und verzweifelte Rohheit, wie er es nennt. Bald kam es zum Ausbruch. Von Lausanne zurückgekehrt, wohin man ihn, um seiner los zu werden, mit Empfehlungen hatte gehen lassen — eine Anstellung daselbst kam aus jetzt unbestimmbaren Gründen nicht zu Stande — wußte Castellio am 31. Mai 1544 sich Gelegenheit zu verschaffen vor der Gemeinde seine Meinungen zu verfechten, obwohl ihm der Rath ein solches Auftreten verboten hatte.

Unter sechzig Zuhörern, nachdem Calvin einen Text Pauli [30]) ausgelegt hatte, stand Castellio plötzlich auf, verlangte über denselben Gegenstand auch gehört zu werden und schüttete nun, wenn wir seinen Gegnern glauben, statt einer erbaulichen Erklärung, die ganze Fülle seines lang verhaltenen Ingrimms auf die anwesenden Prediger aus. Doch schloß er nicht etwa selbstgerecht sich von seiner Strafpredigt aus. Die Geistlichkeit, lautet diese, ist das gerade Gegentheil von dem was Paulus war. Er war Gottes Diener, wir dienen uns selbst; er war der Allergeduldigste, wir sind die Ungeduldigsten; er wachte und stubirte Gottes Wort, wir wachen und spielen; er war nüchtern und mäßig, wir sind Trunkenbolde; er war der Verfolgte, wir sind Verfolger. Derlei Ausdrücke waren allerdings sehr stark und vom gewöhnlichen Kanzelton himmelweit verschieden. Calvin glaubte, diese Freiheit des Wortes nicht dulden zu dürfen und klagte bei den Syndics, im Namen der Geistlichkeit, über Castellio's ungesetzliches und beleidigendes Auftreten. Der Rath, den wir beständig auf Calvins Seite sehen, nahm bereitwillig die Sache in die Hände, verhörte die Abgeordneten der ehrwürdigen Gesellschaft (der Geistlichkeit) und den Castellio am 12. Juni und beschloß: Castellio sollte, da er keine genügenden Beweise für seine Aussagen habe beibringen können, bis auf weiteres Belieben der Seigneurerie, aus dem Ministerium entlassen werden. Also nur die kirchlichen Funktionen wurden ihm entzogen. Allein er mochte einsehen, daß nach einem solchen Skandal seines Bleibens in Genf

nicht mehr sein könne und am 15. Juli 1544 verlangte und erhielt er seine Entlassung als Rector der Schule, um sich eine andere Heimath zu suchen[31]). — Dieß ist der urkundliche Verlauf
der Sache; Haß und mangelhafte Kenntniß haben ihn theils ver-
größert, theils entstellt. Den größten Theil der Schuld trägt vielleicht Beza, sein gegnerischer Zeitgenosse. Nach einer Menge von
Invectiven, welche er auf ihn losschleudert — er nennt ihn einen
Wirrkopf, ein Ungeheuer, der es niemals habe über sich gewinnen
können, biblische Commentare und andere Schriften zu seiner Be-
lehrung zu studiren — nach diesem wenig schmeichelhaften Bilde
sagt er ganz trocken, die Justiz habe ihm, nachdem er seinen
Fehler eingesehen, geboten, die Stadt zu verlassen.[32]) Diese
Darstellung hat Gläubige gefunden. Senebier sagt mit andern
Worten dasselbe[33]), auch Spon theilt jene Auffassung[34]) und
selbst der genaue Kirchenhistoriker Hottinger hat sich dazu verleiten
lassen, wie er denn überhaupt sichtlich diese Strafe als sehr verdient ansieht und alles, was zu des Mannes Ungunsten spricht,
zu glauben geneigt ist.[35]) Nun aber ist schon vor Bekannt-
machung jener urkundlichen Belege in neuerer Zeit mit Recht
betont worden[36]), daß gegen eine völlige Absetzung Castellio's
als Verläumder das überaus ehrenvolle Zeugniß spreche, welches
dem Scheidenden von den Geistlichen Genfs ausgestellt und von
Calvin unterschrieben wurde.[37]) Darin heißt es ausdrücklich, er
habe freiwillig seine Entlassung vom Schulamte begehrt.[38]) Castellio selber hätte später wohl schwerlich sich auf dieß Zeugniß
zu seiner Rechtfertigung berufen, wenn er als Verläumder seines
Schulamts entsetzt worden wäre.[39]) Castellio führte eben einen
so untadeligen Lebenswandel, daß selbst seine Feinde ihm hierin
nichts vorwerfen konnten und Calvin selber konnte nicht anders
als ihn seinen Freunden schriftlich empfehlen; und wollte man dieß
goldene Brücken nennen, so weiß er doch selbst in einem vertrauten Briefe an Farel nichts anders an ihm auszusetzen, als
sein mangelhaftes judicium, sein Urtheilsvermögen.[40]) Uebrigens
wirkten, um das Verhältniß der beiden Männer in Genf zu trüben, noch einige andere Ursachen als nur dogmatische Divergenzen
mit. Erstens die Bibelübersetzung, welche Castellio hier schon

vorbereitete und theils druckfertig hatte. Calvin gibt darüber
Ausschluß in einem etwas gereizten Tone, durch welchen man
einen leisen Hauch literarischen Neides glaubt wehen zu hören.
Calvin nämlich hatte selber im Jahr 1540 eine französische Bibel=
übersetzung besorgt [41]) oder wenigstens unter seinem Namen her=
ausgegeben. Als nun Castellio den Reformator bescheiden an=
fragte, ob er etwas gegen Herausgabe des von ihm übersetzten
Testaments einzuwenden habe, hatte Calvin an einzelnen Aus=
brücken der Uebersetzung viel auszusetzen und wollte den Druck
nur unter der Bedingung vor sich gehen lassen, daß er nach ei=
genem Ermessen beim Drucker von den einzelnen Bogen Einsicht nehmen
und dieselben corrigiren könne. Castellio ging im gerechten Ge=
fühl seiner Autorenehre auf diese demüthigende Bedingung nicht
ein, anerbot sich jedoch, dem Calvin zu einer bestimmten, von
Calvin zu bestimmenden Zeit ihm das Ganze vorzulesen. Calvin
entgegnete ihm, daß er sich nicht für 100 Goldstücke an eine be=
stimmte Zeit würde binden lassen. Daß Castellio von diesem nicht
gerade freundlichen und entgegenkommenden Bescheid nicht sehr er=
baut war, darf uns nicht wundern [42]), und Calvin's schroffes Be=
nehmen ist um so auffallender, als er ihn in Gemeinschaft mit
Viret zu einer Uebersetzung aufgemuntert und Castellio's Plan
einer solchen gebilligt hatte. [43]) Wir kommen auf die Ueber=
setzungen Castellio's weiter unten ausführlich zu sprechen, hier
sei über den vorliegenden Fall nur kurz bemerkt, daß was Cal=
vin zu Ungunsten derselben anführt — ein einzelnes Beispiel ei=
nes vermeintlichen Uebersetzungsfehlers — keineswegs hinreicht,
über das ganze Werk den Stab zu brechen und noch dazu den
Autor rücksichtslos zu behandeln.

Einen zweiten Anlaß zur Verstimmung, über welchen übri=
gens eine endgültige Entscheidung sehr schwer fällt, mochte Ca=
stellio's Benehmen während der Pest in Genf bieten. Wie der
Verlauf gewöhnlich erzählt wird, so weigerten sich im Jahr 1542
die Geistlichen aus Furcht vor Ansteckung die Pestkranken zu be=
suchen, nur Calvin, Blanchet und Castellio boten sich zu diesem
Dienste an. Als nun aber das Loos den Castellio getroffen,
habe er plötzlich seinen Sinn geändert und sein Anerbieten zu=

rückgezogen. Der Rath habe hierauf dem Calvin, um dessen kost=
bares Leben zu schonen, nicht mehr gestattet mit Blanchet zu
loosen; dieser letztere habe freiwillig das schwere Amt übernommen
und sei ein Opfer desselben geworden.[44]) Hier läge nun aller=
dings ein Fall großer Unbeständigkeit vor, welcher den Werth des
muthvollen Anerbietens Castellio's zu nichte machen würde. In=
dessen ganz erwiesen scheint die Sache doch nicht zu sein. Ein
innerer Grund, welcher dagegen spricht, ist desselben Mannes auf=
opfernde Handlungsweise unter ganz ähnlichen Umständen in
Straßburg. Warum sollte ihn jetzt auf einmal die Furcht er=
fassen, wo seine Pflicht noch dazu eine viel gebietendere war?
Aeußere Gründe liegen aber in der Ueberlieferung selber. Haag
(la France protestante t. III. s. v. Castellio) führt aus Gautier an,
daß mehrere Pfarrer sich weigerten in das Hospital der Pestkranken
zu gehen, mit dem Beifügen, daß sie lieber zum Teufel gingen;
daß auf ihre Weigerung Castellio sich anbot und daß in den Re=
gistern des Raths unter dem 30. Mai 1543 sich die Notiz findet:
Rector Castellio erbietet sich, Pfarrerdienste am Hospital der Pest=
kranken zu versehen. — Also nichts Amtliches in Betreff einer
Weigerung. Ein anderer Geschichtsschreiber[45]) sagt, daß Calvin
und Castellio sich anerboten hätten. „Aber der Rath wollte nicht,
daß der Erstere hinging in Anbetracht der Dienste, welche er der
Stadt und der Kirche erweise. Pierre Blanchet wurde ernannt
und starb." — Wiederum kein Wort weder vom Loose noch von
einer Weigerung Castellio's, auch die Darstellung etwas verschie=
den von der angeführten. Schon deßhalb ist Vorsicht geboten,
und einen voreiligen Schluß auf Castellio's Wankelmuth oder gar
Feigheit[46]) zu ziehen, fehlen uns alle Prämissen. Wenn eine Ver=
muthung darf ausgesprochen werden, so wäre es vielleicht die:
Castellio ist allerdings zurückgetreten, aber nicht aus Furcht, son=
dern aus einem gewissen beleidigten Selbstgefühl, weil der Rath
dem Calvin verbot, sein Leben zu wagen, ihn selber aber, den
Castellio, nicht für zu gut hielt, mit seinem Leben freigebig
zu sein.

Ehe wir den Castellio in Basel, seinem ferneren Aufenthalte,
wieder aufsuchen, muß in Kürze die Frage erledigt werden: auf

welcher Seite war in diesen Genferwirren das Recht? Daß die Anhänger Calvins, wie Beza u. A., unbedingt den Stab brechen über die „exotischen" Lehrsätze des „eigensinnigen" Mannes, wie sie sich ausdrücken[47]), versteht sich von selbst, und es ist auch begreiflich, daß die meisten Theologen, von dem Eindruck der unnahbaren Größe des Genfer Reformators beherrscht und festgebannt, seinen Maßregeln unbedingt beipflichteten. Für den unbefangenen Beurtheiler aber gilt doch selbst Calvin nebst Anhang in dieser Sache als Parthei, eine Parthei, welche später wenigstens in ihrem Benehmen gegen Castellio bitter muß getadelt werden. Was that denn Castellio? Er vertheidigte mit Macht und einer der Ueberzeugung stets inwohnenden Zähigkeit eine Ansicht, welche in unsrer Zeit die bei weitem herrschende geworden ist, nämlich die von dem weltlichen Charakter des salomonischen Liedes als eines wirklichen, keines sinnbildlich vergeistigten Epithalamium's oder Brautliedes[48]); und zweitens konnte er sich nicht zufrieden geben mit der angenommenen Auslegung jenes Glaubensartikels von Christi Höllenfahrt, wornach darunter die Gewissensschauer sollten ausgedrückt werden, welche Christus vor dem Richterstuhl Gottes empfand, als er daselbst für die freiwillige Uebernahme unserer Strafe und unserer Verdammniß und für seinen um unserer Sünden willen erlittenen Tod sich verantworten sollte. Welche Gegenansicht Castellio aufstellte, ist uns nicht bekannt, doch ist das gewiß, daß er eben einer von den Vielen ist, welche sich mit jener Auffassung nimmermehr befreunden können. Castellio steht also mit seiner Anschauung über seiner Zeit, er eilt ihr voraus, und um sie zu verfechten brauchte es durchaus keiner „Eitelkeit" oder „Originalitätssucht", noch waren dieß „sonderbare exegetische Meinungen" wie der neueste Biograph Calvin's sich ausdrückt.[49]) Aber auch nicht „streitsüchtig und schonungslos" darf er genannt werden[50]), denn hätte man ihn mit seinen beiden Sonderansichten ruhig im Ministerium gelassen, ohne ihre Zurücknahme als Bedingung hinzustellen, so wäre es schwerlich je zu solchen Auftritten gekommen. Nun wäre es allerdings ein seichtes und flaches Räsonnement, zu schließen: Also, nach diesen Gründen, war Castellio unbedingt im Recht. Nein, er hatte auch einen Theil am Unrecht, wie seine Gegner, aber sein Unrecht dient gewissermaßen zu seiner Ehre. Er hätte seine Ansichten für sich behalten können ohne Aufheben davon zu machen (wenigstens in Betreff des Hauptpunktes, des Hohenliedes, was dem vorgeschriebenen Glaubensbekenntniß keinen Eintrag gethan hätte), die Klugheit gebot dieß, denn er mochte voraussehen, daß die offene Divergenz ihm nicht ungestraft durchgehen, sondern seine Stellung in Genf unhaltbar machen würde. Aber welcher Redliche macht ihm daraus, daß er die Klugheit, die wohlberechnete Rücksicht auf das liebe Brot hintansetzte, einen ernstlichen Vorwurf? Allerdings, es gibt auch eine edlere Art von Klugheit und dieser hätte Castellio gehorchen sollen. Die damalige Zeitlage war in Sachen der Religion nicht dazu angethan, einzelnen Streitpunkten innerhalb derselben Confession Thor und Thür zu öffnen; Einigung und festes Zusammenhalten war nöthig, wenn ein Band gefunden werden sollte, welches die „aufgeregten und vielfach haltlos gewordenen Geister" wieder sammeln und befestigen konnte. Die neuen Fragen und Zweifel mußten diesem größeren Ziel einstweilen weichen, sie mußten verstummen vor dem lauteren und gewaltigeren Ruf nach Einheit, welcher damals in der protestantischen Kirche widerhallte. Freilich haben auch Männer, welche in der Kirchenreformation eine viel höhere Stelle als Castellio, ja die erste, einnahmen, dieses Prinzip nicht immer befolgt und Zeitgenossen wie Nachfolgern hierin gerade das Beispiel gegeben, dessen Nachahmung dem Castellio so sehr verargt wird. Ein zweiter Vorwurf, den man dem Manne machen kann, ist der, daß er zu rücksichtslos und schonungslos in jener Strafpredigt vor der versammelten Gemeinde über die Kirchenvorsteher herfuhr. Man muß zugeben, daß er hier das Maaß überschritt und des richtigen Taktes ermangelte; das Gefühl verletzten Ehrgeizes und unverdienter Zurücksetzung mag seinen Gedanken und Ausdrücken einen zu spitzen Stachel verliehen haben — und doch muß wiederum zu seinem Lobe ausgesagt werden, daß er sich selbst inbegriff in der Zahl derselben, obwohl, wenn je einer, er selbst zuerst gemäß seines exemplarischen Lebenswandels ein Recht zu jener zelotisch gefärbten Zurechtweisung gehabt hat.

Aufenthalt in Basel; Bibelübersetzung.

Von Genf wandte sich Castellio nach Basel, wo er wahrscheinlich gegen Ende des Jahres 1544 oder zu Anfang 1545 eintraf. Eine Nachricht, deren Richtigkeit ich nicht verbürgen und deren Ursprung ich nicht nachweisen kann,[51]) läßt ihn zuerst in Bern einen Wohnsitz suchen, von hier aber wegen seiner Irrlehren vertrieben werden. Möglich wäre es, obschon der Senat von Bern in späteren Jahren (1562) den Castellio von Basel nach Lausaune zu einer ehrenvollen Stellung berief. Der Grund, warum Castellio Basel zu seinem Aufenthalt wählte, mag theilweise in der daselbst bestehenden Universität gesucht werden, welche ihm Umgang mit gelehrten Männern versprach, theils aber — und das mag ihn hauptsächlich bestimmt haben — war Basel gerade zu jener Zeit durch eine gewisse Toleranz in religiösen Dingen vor andern Schweizerstädten bemerkbar. Viele Verstoßene flüchteten damals nach Basel, wo sie eines ungestörten Asyls genossen. Der berühmte Niederländer Wiedertäufer Joris hatte sich kurz vorher auf Baslerboden niedergelassen (im Schloß zu Binningen), zwei Jahre nach Castellio kam Coelius Secundus Curio und richtete von hier aus seine Opposition gegen Calvin; man dachte hier in Basel viel kühler als den Eiferern von Genf lieb war; die Anschauungsweise und das Vorgehen des großen Reformators fanden durchaus nicht immer Billigung, ja Calvinist war eine Zeit lang ein Schimpfname.[52]) Bolsec in seinem bekannten Streit mit den Genfern wandte sich zum Entscheid seiner Angelegenheit an Basler Gelehrte, weil er von ihnen das günstigste Gutachten zu erhalten hoffte. Der Anhänger und Mitstreiter Calvin's, Farel, nimmt dem Simon Sulzer, Professor und Antistes zu Basel, seine Lauigkeit gegen falsche Lehre und seinen Umgang mit ähnlichen Männern gewaltig übel und der bekannte Arzt Gratarolus klagt in einem Brief an Bullinger (1554), daß er von Freunden beinah gänzlich verwaist sei, weil er weder Servetaner, noch Coelianer, noch Castilioneer, noch Lutheraner u. s. w. sei. — Also einzelne Farben und Nüancen hatten hier ungehinderten Spielraum. Castellio hätte damals auf keinen Fall irgendwo anders die Duldung gefunden, wie in Basel; er genoß bis an sein Ende eines, wenigstens negativen Schutzes gegenüber den maßlosen Anmuthungen und Anfeindungen der Genfer. Doch auch jene Toleranz hatte ihre Grenzen, und man konnte es in Basel im Jahr 1559 für die Pflicht einer christlichen Obrigkeit ansehen, daß drei Jahre nach dem Tode des Wiedertäufers Joris dessen Leichnam ausgegraben und verbrannt wurde. Felix Plater bemerkt in seinem Tagebuch — um dieß beiläufig zu erwähnen — daß er mit Sebastian Castellio der Execution zugeschaut habe. Dieser mochte, nach seiner ganzen Art zu denken, mit Wehmuth im Herzen ein Zeuge sein. 53)

Castellio war in Basel für seinen Unterhalt ganz auf seine Privatthätigkeit angewiesen. Hätte er nur für seine eigene Person zu sorgen gehabt, so hätten seine schriftstellerischen Arbeiten zur Existenz hingereicht, insbesondere bei seiner einfachen und äußerst anspruchslosen Lebensweise; allein er hatte schon aus Genf eine Frau mitgebracht, und seine Familie wuchs allmälig, durchaus im Mißverhältniß zu seinen Einnahmen, bis auf acht Kinder 54). Kein Wunder, wenn sein Leben einen Beitrag liefert zu dem tractatus de infelicitate litteratorum. 55) Es war ein beständiger Kampf mit Sorgen und Noth, ein Ringen mit den allernothwendigsten, alltäglichsten Bedürfnissen; selbst dafür reichte seine rüstige Feder nicht hin; das Handwerk mußte zu Hülfe genommen werden; der Gelehrte wurde zeitweise ein Fischer, ein Gärtner 56), ja ein Holzflößer, dieses auf eigenthümliche Weise, wie denn die Armuth arbeitsam und erfinderisch ist. Seine Wohnung lag in der St. Albanvorstadt auf der Rheinseite; auf der Halde gegen den Rhein war ein Gärtchen angepflanzt, welches er mit eigener Hand pflegte. Der Ertrag desselben an Naturalien mochte seiner Familie zu gut kommen, doch wissen wir zufällig, 57) daß Castellio auch Pflanzen anderer Art als für den gewöhnlichen Bedarf zog, ob als Liebhaberei, ob zum Verkauf, mag billig dahingestellt bleiben. Wenn man einer Nachricht trauen darf und diese nicht vielleicht auf Verwechslung beruht, so hätte Castellio sogar mit Holzsägen Geld zu verdienen gesucht.[38]) Dagegen kam er oft in den Fall, wie er es selbst gesteht, aus dem Rheine Holz als willkommenes Heizmaterial in sein Haus zu flößen. Er beschreibt ausführlich die begleitenden Umstände und zwar zu seiner Vertheidigung, indem seine Gegner in Genf ihm daraus das Verbrechen des gemeinsten Diebstahls zusammengeschmiedet hatten. Und doch war der ganze Vorgang ein so öffentlicher, gewöhnlicher und durch den Gebrauch längst sanctionirter.[39]) Wenn der Rhein angeschwollen war, so pflegte er allerlei Holz mit sich zu führen, welches Eigenthum desjenigen wurde, welcher seiner habhaft werden konnte. Castellio stand nun in seinen Freistunden, wenn jener Umstand eintraf, in einem Kahn und fischte mit einem Haken so viel Holz als möglich auf; die Nachbarn thaten dasselbe. Einst als die Birs plötzlich gestiegen war und längs ihren Ufern und Dämmen all das Holz fortriß, welches auf ihr in den (St. Alban) Teich und durch diesen in die Stadt sollte geflößt werden, waren am Rheinufer über zweihundert Menschen mit Auffangen desselben beschäftigt, unter ihnen auch Castellio in seinem eigens zu diesem Zwecke gekauften Kahn. Mit Hülfe von vier Freunden gelang es ihm, an jenem Tage sieben Klafter zusammenzubringen; er durfte sie behalten und erhielt nach Rathsbeschluß, gleich den andern Flößern, noch obendrein für jedes aufgefangene Klafter vier Solidi. — Das geschah zu jener Zeit, als er im Schweiß seines Angesichts, mit Aufbieten aller seiner Kräfte und mit einer Weihe des andachtvollsten Ernstes, wie sie selten gefunden wird, die Bibel aus dem Urtext übersetzte. Unter all den zahllosen Anklagen, welche seine Feinde gegen ihn schleuderten, ist jenes die gehässigste; keine erfüllt uns mit größerer Entrüstung und mit mehr Mißtrauen in die Lauterkeit ihrer Absichten und ihres sogenannten heiligen Eifers. Castellio sagt, lieber wäre er betteln gegangen, als daß er sein einmal angefangenes Uebersetzungswerk wieder aufgegeben hätte — so viel lag ihm daran. Und daß es nicht Aussicht auf Gewinn war, welche ihn dazu bestimmte, sondern der Trieb und Drang, ein gemeinnütziges Werk zu thun, beweist der Umstand, daß ihm die fünf Arbeitsjahre, welche er darauf verwandte, mit siebzig Reichsthalern honorirt wurden (incredibile dictu!); für die zweite Auflage erhielt er fernere dreißig ausbezahlt. Für die französische Uebersetzung, welche er später unternahm, erhielt er wöchentlich, so lange er glaubte daran arbeiten zu müssen, einen Baslergulden. Das Maximum des Termins war vertragsmäßig auf zwei Jahre gesetzt; da er aber drei Jahre zur Vollendung brauchte, so arbeitete er ein ganzes Jahr umsonst.[60]) Wenn, wie Calvin und die Genfer behaupteten,[61]) der böse Geist dem Castellio den Gedanken zur Bibelübersetzung eingab, so war er doch wenigstens gutmüthig genug, ihn nicht mit Goldesglanz zu blenden. In jenem Honorar bestand die Unterstützung Oporin's, seines Verlegers; in freiwilligen Gaben, wie es etwa auch dargestellt wird,[62]) schwerlich, da Oporin selber nicht über weitere Mittel gebot, und daß dieser den Castellio für dessen Dienste als Corrector, welche er lange Jahre hindurch bei dem berühmten Drucker versah, entschädigte, war nichts als billig. Dagegen fehlte es dem Castellio allerdings nicht an Gönnern und Freunden, welche ihm später, als sein Name ein viel genannter und mit Märtyrerschein umgebener war, hie und da auch thätliche Unterstützung zukommen ließen, gleich jenem Freunde aus Dortrecht, der ihm durch Oporin's Vermittlung zehn oder zwölf Thaler zustellte, mit dem ausgesprochenen Zwecke, „seine Studien zu unterstützen, damit er der christlichen Religion mit leichterer Mühe nützen könne."[63]) Wir dürfen hier, wo die Rede auf die Subsistenzmittel des Mannes gekommen ist, auch erwähnen, daß er später in seinem Hause eine Art Pension für Knaben, welche die baslerische Schule besuchten, eingerichtet zu haben scheint, vielleicht indeß nur für intime Freunde und eben so sehr diesen als sich selbst zu liebe.[64]) Indem wir uns vorbehalten, den Verlauf der äußeren Lebensschicksale Castellio's, soweit derselbe uns bekannt geworden ist, neben der Beurtheilung seiner Schriften, d. h. so ziemlich seines innern Lebens, einhergehen zu lassen, wenden wir uns zu diesen.

Zu der Bibelübersetzung, um mit dem ersten größern und

bedeutendsten Werke Castellio's anzufangen, war Castellio schon
mehr als vorbereitet aus Genf nach Basel gekommen. Nicht
nur hatte er einen Theil der heiligen Schriften dort schon absol-
virt, er hatte schon in Lyon,[65]) wie jetzt bekanut ist, ein Werkchen herausgegeben, welches der Form und dem Inhalt nach mit jenem Gebiete schon einigermaßen verwandt war — Dialoge aus der
heiligen Geschichte, welche in einfacher aber reiner Sprache die
Jugend mit dem Inhalt derselben vertraut machen und durch
ihre formelle wie materielle Eigenschaft der Bildung des Geistes
ebenso wie die des Gemüthes befördern sollten. In der Vorrede
(an einen gewissen Mathurin Corbier, seinen Collegen im Schul-
amt zu Genf, März 1542) spricht er seine Gedanken und Absichten näher aus: Cicero sei zu schwer für die Jugend, ebenso
Terenz, und dieser noch dazu, wie Vorredner aus Erfahrung
wisse, so obscön, daß er der Sitte mehr Nachtheil als der
Sprachfertigkeit Vortheil bringe; dasselbe gelte in noch höherem
Grade von Plautus. Durch seine Bemühung glaubte er, eine
Lecture jener Lateiner überflüssig gemacht zu haben. Der Basler-
Ausgabe hatte Castellio eine französische Exposition beigegeben,
welche der Verleger jedoch nicht druckte, da dieß „für deutsche
Knaben" unpassend sei. Castellio gieng hier in der Uebertragung
sehr behutsam und gewissenhaft zu Werke und vermied jede nicht
bringend gebotene Freiheit im Ausdrucke.[66]) Wir lernen dadurch
einen Hauptartikel von Castellio's pädagogischen Grundsätzen kennen, aber ebensosehr findet sich hier vorgebildet seine Ansicht
über den Werth der Studien, welcher er sein ganzes Leben hindurch gehuldigt hat, daß nämlich alle Wissenschaft dem Studium
der heiligen Schrift untergeordnet und ihm zu dienen bestimmt
sei.[67]) Wie sehr diese Arbeit Castellio's einem Bedürfniß der
Zeit entgegenkam, beweist die große Zahl ihrer Auflagen (die
beste ist die von 1562); sie erreichte ihren Zweck vollständig, so
daß noch im Jahre 1731 im Auftrag der Academie in Basel
eine neue Ausgabe derselben als Schulbuch veranstaltet wurde.[68])
Andere Vorläufer und Begleiter des großen Hauptwerkes der
Bibelübersetzung, wie den Psalter, den Pentateuch, das Epos vom
Propheten Jonas u. a. werden wir später sämmtlich kennen ler-

nen und wenden uns jetzt zuerst zu der Uebersetzung in's Lateinische. Schon der Titel derselben [69]) läßt einen Hauptzweck, den
Castellio im Auge hatte, deutlich erkennen, — nämlich Reinheit
und Klarheit des lateinischen Ausdrucks. Aber auch das genaue
und scharfe Erfassen des Inhalts war ihm so sehr Herzensange-
legenheit, daß er oftmals in Betreff einzelner schwieriger und
dunkler Stellen Gott um Erleuchtung bat; [70]) auch hat er, in
einem Maß, wie vielleicht wenige Gelehrte es thun, weit entfernt
vom kecken Vertrauen in die Unfehlbarkeit seines eigenen Urtheils,
seine Arbeit Freunden zur Prüfung vorgelegt und jeden frucht-
baren Wink von ihnen dankbar angenommen. [71]) Castellio war
der Ansicht, daß Viele durch die oft dunkle, oft gar zu schmuck-
lose und unebene Ausdrucksweise der heiligen Schriften sich von
der Lesung derselben abhalten ließen; diesem Uebelstande suchte er
durch getreue aber daneben auch fließende Uebersetzung abzuhelfen.
Freilich ein wörtliches Wiedergeben des Ausdrucks war mit diesem Grundsatz nicht immer zu vereinigen; manche Stelle mußte
mehr umschrieben als übersetzt werden. Damit aber war vielen,
die auch für den Buchstaben unbegrenzte Ehrfurcht forderten, nicht
gedient und Castellio sah sich zur Vertheidigung veranlaßt.

Mit den Hebraismen der Bibel, sagt er, müsse dasselbe
Verfahren inne gehalten werden, wie wenn man einen Schriftsteller, der sein Latein mit Germanismen vermischt habe, aus
dem Latein in's Französische übersetzen wollte. Da sei es durchaus nicht nothwendig, die Germanismen beizubehalten, sondern
im Gegentheil, man müsse den Geist der französischen Sprache
allein berücksichtigen. Also habe auch er, Castellio, die hebraisi-
rende Manier der Apostel und deren griechischen Ausdruck nicht
beizubehalten nöthig gehabt. Er table aber darum diejenigen
nicht, welche in der Uebersetzung jene Eigenthümlichkeit wiederge-
geben wünschten, nur habe dieses Verfahren den Uebelstand, daß
der Leser oft entweder am Verständniß gehindert oder gezwungen
werde, zu der Erklärung jener Hebraismen oder zu Anmerkungen
seine Zuflucht zu nehmen, und so mit doppeltem Kostenaufwand
an Büchern und mit doppelter Mühe sich das Verständniß irgend
eines Spruches zu erkaufen, der auf diese Weise auch den Ueber-

feter doppelte Arbeit gekoftet habe. [72]) Diefer Grundfatz Caftellio's hat feine volle Richtigkeit, fobald es fich nur um Aneignung des Inhaltes handelt und die Ueberfetzung rein nur Verftändniß des objectiven Stoffes ermöglichen foll; er kann fich auch noch in der neuern Zeit geltend machen, obwohl diefe mit Recht als das Ideal einer Ueberfetzung diejenige auffteüt, welche in künftlerifcher Nachbildung neben dem Dargeftellten auch der Eigenthümlichkeit des Darftellers gerecht zu werden verfteht; die Ueberfetzung wird dadurch zu einem kleinen oder größern Kunftwerk geftempelt. Nun wird aber in formeller Beziehung die Bibel gewöhnlich nicht als ein litterarifches Kunftwerk angefehen, fondern mit Recht ihr reeller Inhalt berückfichtigt. Nimmt man alfo von der Forderung eines Kunftwerks Umgang oder macht man keinen Anfpruch darauf und anerkennt man die Berechtigung auch jenes erftgenannten Standpunktes, fo fallen die meiften gegen Caftellio erhobenen Vorwürfe rückfichtlich jener Ueberfetzung dahin. Sie hat die widerfprechendften Beurtheilungen bei Mit= und Nachwelt gefunden. [73]) Am fchlimmften kam fie weg bei den Genfern, die fich in ihrer Vorrede zum neuen Teftament alfo vernehmen laffen: „Jetzt hat Satan fo viele Ueberfetzer gefunden, als es leichtfertige und verwegene (outrecuidéz) Geifter gibt, welche die heilige Schrift behandeln. Wenn ein Beifpiel verlangt wird, fo citiren wir als eines für viele die lateinifche und franzöfifche Bibelüberfetzung, welche Caftellio herausgegeben hat, ein Mann, welcher in diefer Kirche fehr bekannt geworden ift fowohl durch feinen Undank und feine Unverfchämtheit, als durch die Mühen, welche an ihm verfchwendet wurden (perdues), um ihn auf den guten Weg zurückzuführen. Wir würden uns ein Gewiffen machen, fernerhin (wie wir bisher gethan haben) feinen Namen zu verfchweigen, aber ebenfo, nicht alle Chriften zu warnen vor einem folchen Menfchen (personnage), als einem von Satan auserwählten Werkzeug zur Beluftigung aller unbeftändiger (volages) und unbehutfamer Geifter. Sicherlich, wenn es einen Beweis gibt von Unwiffenheit, gepaart mit frevelhafter Tollkühnheit, welche fo weit geht, mit der heiligen Schrift ihr Spiel zu treiben und fie dem Gefpötte preiszugeben, fo findet fich alles dieß

in den Uebersetzungen und Schriften desjenigen, über den wir
hier unser Zeugniß ablegen."[74]) Forschen wir nach den Grün=
den dieses Verdammungsurtheils, so steht voran der partheiische
unversöhnliche Haß gegen die Person des Uebersetzers, dann
aber der ohne Beweis geschöpfte Wahn, er habe es durch einzelne
Freiheiten der Uebersetzung darauf abgesehen, die Grundpfeiler
der christlichen Religion niederzureißen.[75]) Jene Freiheiten sind
nun aber so unschuldig als möglich, besonders bei einem Manne,
der sein ganzes Leben hindurch dem Grundsatze offen huldigte,
daß der Buchstabe tödte und der Geist lebendig mache. Man
kann höchstens (und das nicht einmal, wenn man den oben an=
geführten Grundsatz als berechtigt anerkennt und anerkennen muß)
„etwas Schiefes" darin finden, „dem verwöhnten und verzär=
telten Geschmack einzelner Schöngeister zu huldigen."[76]) Alles
reduzirt sich auf das Bestreben, gut lateinische classische Ausdrücke
den vulgären und kirchenlateinischen zu substituiren. Castellio
gebraucht z. B. statt des Wortes baptismus zur Bezeichnung der
Taufe den Ausdruck lotio. Beza, der überall Tendenz und
Sünde wittert, ist gleich bei der Hand, die Wahl des Ausdruckes
daher zu erklären, daß Castellio die Taufe für nicht höher gehalten
habe, als jede andere gewöhnliche Waschung. Mit diesen Mitteln
war nach und nach allerdings ein Heide herzustellen.[77]) Andere Frei=
heiten sind vates statt propheta, genius für angelus, sequester
für mediator, incommodatio für scandalum, furiosus für dae-
moniacus, invadere für supervenire, filius exitio devotus für
filius perditionis, temetum für sicera; selbst die ecclesia mußte
der respublica weichen; auch nimmt Beza gewaltigen Anstoß an
Christus incorporatus statt des gewöhnlichen Christus in carne.[78])
Wenn man nun auch Einzelnes daran mißbilligen mag (wie das
erwähnte respublica statt des nicht mehr zu entbehrenden Aus=
drucks ecclesia, oder Ausdrücke wie Juppiter, Gradivus, Armi-
potens für Gott je nach dessen einzelnen Aeußerungen; Phoebus
für Sonne, Heroes für Sancti u. a. m.), so kann dieß höchstens
aus dem Gesichtspunkte des Geschmacks geschehen,[79]) wie denn
Ausschreitungen nach dieser Seite bei eifrigen Philologen nicht
selten gefunden und auch am leichtesten an ihnen begriffen wer=

ben; aber ihn darum einen „halben Heiden" zu schelten, ist von gegnerischer Seite mehr als Ungeschmack, es ist Unverstand und böser Wille. [80]) Am wenigsten darf man es dem Castellio übel nehmen, daß er sich im „Hohen Liede" einer gewissen weichen und süß tönenden, gleichsam durch den Ausdruck selber schon lieb= äugelnden und liebkosenden Sprache bedient hat; nach seiner An= sicht von dem Charakter jenes Schriftstückes bemessen, ist dieß Bestreben sogar zu loben ; es liegt der künstlerische Trieb darin, die Spache mit dem Inhalt in Harmonie zu setzen. Er sagt also: Mea columbula ostende mihi tuum vulticulum. Fac ut audiam tuam voculam, nam et voculam venustulam et vulticulum ha- bes lepidulum; und anderswo: Capite nobis vulpeculas, vinea- rum vastatriculas [81]) Wir wollen nun, nachdem wir der tadelnden Stimmen genug vernommen,[82]) auch solche anhören, welche günstig über ihn urtheilen. Melanchthon, um gleich mit einer gewichtigen Autorität zu beginnen, die nicht nach Liebe und Haß, sondern nach der Wahrheit ihr Urtheil richtete, sprach sich in einem an Castellio aus Anlaß von dessen Bibelübersetzung gerichteten Briefe äußerst anerkennend über dieselbe aus [83]): „Als ich, sagt er, Einsicht von deiner Schreibart genommen hatte, lernte ich dich hochachten, denn wie du weißt, ist ein wichtiger und edler Ausdruck Zeuge von Geist, Einsicht, Urtheil und auch von wahrer Tugend. Was aber schön ist, das ist nach dem Ausspruch der Dichter uns auch lieb; daher als ich deine schönen Eigenschaften kennen lernte, konnte ich nicht anders als dich lieb gewinnen" u. s. f. Auch der große Orientalist und Bibelken= ner Johannes Burtorf — einer für viele — urtheilt von Ca= stellio, daß er und Sebastian Münster „mit großer Treue und Sorgfalt die hebräische Bibel übersetzt hätten." [84])

Es darf hier übrigens nicht unerwähnt gelassen werden, daß Castellio in den spätern Auflagen stets beflissen war, zu ändern, wo die Einwürfe gegen seine Uebersetzung begründet zu sein schie= nen, besonders allzukühne Ausdrücke mit den gebräuchlichen und herkömmlichen zu vertauschen, — ein Grund mehr, ihn zu ach= ten. [85]) Als Eigenthümlichkeit Castellio's verdient auch angemerkt zu werden, daß er die im alten Testament gebräuchlichen Abthei=

lungen der Verse, welche nicht wie diejenigen des neuen Testa=
ments neuere Zuthat sind, hintangesetzt hat. Zum Beweise,
welche freie ja freisinnige Ansicht von der Critik Castellio hatte,
wie wenig er befangen war von der ängstlichen Scheu derjenigen,
welche in geistlichen und heiligen Dingen ihre Anwendung be=
schränkt und diese nur auf Profanes ausgedehnt wissen wollten,
möge sein Urtheil darüber unsere Erörterung der lateinischen Bi=
belübersetzung schließen.[36]) Warum, sagt er, sollten sich nicht
auch im hebräischen Text falsche Lesarten vorfinden, welche durch
Conjectur richtig herzustellen sind? Die entgegengesetzte Ansicht
hält er für eine „judaica juperstitio". Denn, argumentirt er,
es ist völlig unglaublich, daß Gott einzelnen Wörtern oder Syl=
ben habe eine größere Sorgfalt angedeihen lassen, als ganzen
Büchern, und von diesen sind doch viele nicht etwa verderbt wor=
den, sondern geradezu verloren gegangen, so das Buch von den
Kriegen Jehova's, das Buch Nathans und andere.

Die französische Uebersetzung der Bibel, welche einige Jahre
nach der lateinischen erschien (1555), ist ein schlagendes Argument
gegen diejenigen, welche behaupten, Castellio's Muttersprache sei
die italienische gewesen. Diese Uebersetzung fand beinah — und nicht
zum wenigsten wieder in Folge von Beza's Autorität — noch mehr
Gegner als die lateinische. Beza selber nennt es einen Wahnsinn,
sich zum Interpreten in einer Sprache zu machen, die man weder
von einer Amme, noch durch Gewohnheit, noch aus Büchern
richtig sprechen, ja nicht einmal schreiben gelernt habe. Diese
höchst übertriebenen und geradezn falschen Vorwürfe mögen zu=
nächst zu jener Ansicht verleitet haben, Castellio sei ein Italiener
gewesen. Wäre die Voraussetzung richtig, so wäre allerdings eine
französische Bibelübersetzung ein Wagniß zu nennen; ein solches
wäre kaum denkbar. Aber schon die oben gegebene Firirung des
Geburtsortes, der angeführte Spruch des Vaters, der Zweck
der französischen Bibelübersetzung, Alles weist auf's bestimmteste
dem Castellio die französische als Muttersprache zu.[37]) Seinen
Zweck spricht er schon auf dem Titel aus, wenn er sagt, er habe
bei seiner Uebersetzung besonders Laien (des idiots) im Auge,
darnach muß sich auch unser Urtheil bemessen. Es galt hier saß=

lich und populär zu übersetzen, das machte sich Castellio mit
Recht zu seinem Grundsatz und vertauschte deßwegen die weniger
bekannten, mehr technischen Wörter mit solchen aus der gewöhnlichen Umgangssprache, ja er sah sich nach seinem eigenen Geständniß auch wohl zur Erfindung eigener und neuer veranlaßt:
„j'en ai forgé sur les français par necessité," z. B. brûlage
statt holocauste (andere sind am Schluß des Buches registrirt);
er gebraucht der Deutlichkeit wegen den Ausdruck rogner für
circoncire, ja er glaubt sogar le souper du Seigneur statt la
cène sagen zu müssen. (Der i. d. A. oft erwähnte R. Simon
führt eine Anzahl fernerer eigenthümlich gebrauchter Wörter Castellio's an.) An solche Ausdrücke klammerten sich nun seine
Feinde an, vor allen Beza, der sich hier als Franzose ein kom-
petentes Urtheil beilegt[88]) und darauf fußend erklärt, daß nicht
einmal die Bewohner von Poitou, deren Idiom in ganz Frankreich für das roheste und gemeinste gelte, eine so barbarische
Sprache würden ertragen können. Am meisten tadelt er in der
Epistel Jacobi 2. v. 13 die Stelle: la miséricorde fait figue au
jugement — die Barmherzigkeit rühmt sich wider das Gericht
— eine Redensart, welche er einem Bordell entnommen nennt,
und doch ist sie ganz gut französisch und allem Volk bekannt.
Richelet sagt: on dit proverbialement: *faire la figue* pour dire
mépriser, braver, défier: il fait la figue à tous ses enne-
mis.[89]) Es mag nun sein, daß hie und da, wie gerade in
dem angeführten Ausdruck, Castellio zu sehr aus den untersten
Schichten des Volks geschöpft hat und daß ein gewisser edler An-
flug der Volksthümlichkeit keinen Eintrag gethan haben würde,
aber darum ist das Ganze noch gar nicht tadelnswerth, so wenig
z. B. Luther von uns ein schlechter Uebersetzer genannt werden
dürfte, wenn er zufällig an jener Stelle übersetzt hätte: „die
Barmherzigkeit scheert sich um das Gericht" oder Aehnliches. Schon
Calvin sah hier in seiner Gereiztheit zu schwarz; er verdammte
das Ganze um einiger mißfälliger Ausdrücke willen, in jenem
oben angeführten Briefe an Viret, wo er von Castellio's Uebersetzung l'esprit de Dieu haute nous statt habite en nous (indem
hauter nicht habiter, sondern fréquenter bedeute) meint, dieser

einzige schülerhafte Fehler genüge, um das ganze Unternehmen zu brandmarken!! Mehr als diesen beiden Männern, welche ihr ganzes Leben hindurch Parthei gegen Castellio waren, darf man Heinr. Stephanus seine Critik verargen, welche auf keiner Ueberzeugung beruht, sondern nur Beza's Urtheile nachbetet, dessen Einseitigkeit und Ungerechtigkeit der große Sprachkenner wohl einsehen mußte. [90])

In Basel selbst hatte Castellio Feinde, welche seine Arbeit auf alle mögliche Weise herunterzusetzen suchten, wiewohl vergeblich.[91]) Der Herr Professor — zu diesem Grade war Castellio unterdessen erhoben worden — stand damals in gutem Ruf und Ansehen, seine Gegner in Mißcredit. Er selbst hielt seine französische Uebersetzung für gelungener als die lateinische. Wenn er übrigens eine Zeit lang durch seinen wohlgegründeten Namen den unausgesetzten Verketzerungen seiner Gegner Stand halten konnte, so gelang es diesen doch schließlich ihr Ziel zu erreichen und Castellio's Uebersetzungswerk fiel während der letzten Hälfte des 16. und des 17. Jahrhundert hindurch in Vergessenheit und Berachtung, erst am Ausgang des 17. wurde es bleibend in seine Rechte eingesetzt — eine Menge neuer Ausgaben erschienen.[92]) In unsern Tagen ist die französische Bibel selten geworden, so selten, daß nur noch ein Exemplar derselben als vorhanden bezeichnet wurde — das zu Breslau.[93]) Diese Angabe ist aber ungenau: die öffentliche Bibliothek zu Basel darf sich eines ferneren, sehr wohl erhaltenen Exemplares dieses Cimelium's rühmen.

Bei Gelegenheit dieser Uebersetzung mag im Vorbeigehen als ein merkwürdiger Punkt in den damaligen Druckverhältnissen hervorgehoben werden, daß es eigentlich verboten war, in jener Sprache zu drucken. Es existirt eine Verordnung des Rathes aus dem Jahr 1550,[94]) nach welcher „in keiner andern Sprache als denn in Latein, griechischer, hebräischer und deutscher" gedruckt werden durfte, in englischer, französischer, italienischer und spanischer nicht. Castellio mußte um die Vergünstigung einer Ausnahme einkommen, und dieß geschah durch die Fürsprache von

Sulzer und Amerbach. Die Erlaubniß des Druckes wurde er=
theilt unter der Bedingung, „daß man keine Schmutz=, Schand=
und Schmachworte darin finde." [95]) Worin das Motiv dieser
Bedingung liegt, ist uns unbekannt.

Oeffentliche Anstellung; Streit mit den Genfern.

Im Jahre 1552 hatte die Universität zu Basel den Castellio in Ansehung seiner Gelehrsamkeit unter ihre Mitglieder aufgenommen und ihm die Würde eines öffentlichen Professors übertragen.[95] Er hatte diese wohl verdient, denn an Wissen kamen ihm wenige seiner Zeitgenossen gleich, wie ihn denn Jöcher in seinem Gelehrtenlexicon geradezu den „gelehrtesten Mann seiner Zeit" nennt. Seine Hauptstärke bestand in der Kenntniß der drei Sprachen, welche damals der Maßstab der Gelehrsamkeit waren: der lateinischen, der griechischen und der hebräischen. Zu einer Geläufigkeit im Deutschsprechen hat er es nie gebracht, wie er selbst eingesteht.[97] Seine Professur war die griechische; merkwürdig ist dabei nur der Umstand, daß er noch im Jahre 1560 als professor facultatis extraordinarius bezeichnet wird,[98] während er doch den gewöhnlichen Gehalt bezog.[99] Was es für ein Bewandtniß habe mit der Behauptung Castellio's,[100] daß er eine ehrenhafte Stelle an der Universität, welche man ihm angeboten, ausgeschlagen habe, weiß ich nicht zu sagen. Ihm lag in jener Facultät das Lesen und Erklären Homers ob. Die eigentliche Grammatik war einem andern zugewiesen.[101] Bei dieser Erklärung schien indeß Castellio hie und da in seinem religiösen Eifer bedeutend abgeschweift zu sein und Punkte berührt zu haben, welche auch bei einer laren Interpretation des Dichters kaum eine Stelle finden können. Einer seiner Zuhörer schreibt ihm im Jahr 1555: Es sei eine große Meinungsverschiedenheit unter den Gelehrten über die Bedeutung des biblischen Ausdruckes „Fleisch" und „Geist" in christlichem Sinne und er erinnere sich noch des Vortrages, welchen Castellio in der Erklärung des Homer darüber gehalten habe, sowohl öffentlich (d. h. auf dem Catheder) als privatim in seinem Hause.[102] — Dergleichen scheint also bei ihm Sitte gewesen zu sein; vielleicht aber nicht nur bei ihm. In einer Rathsverordnung aus jener Zeit heißt es, nachdem anbefohlen war „daß Niemand weder in größeren noch minderen Facultäten zum wirklichen Lehrer angenommen werde, er sei denn unserer Religion und habe Gemeinschaft mit uns in dem Nacht= mahl unseres Herrn Jesu Christi" — daß „auch allen Professoren linguarum, artium u. s. w..... eingebunden werde, dieweil alle Kunst zur Heiligung des Namens Gottes gerichtet, daß sie dann in ihren lectionibus nicht allein nichts lesen sollen, das zur Ver= letzung unserer Religion dienlich, sondern daß sie wie alle Chri= sten, den Namen des Herrn zu heiligen, sein Reich zu erweitern schuldig unsere Religion hoch commandiren und preisen thuen." [103] Digressionen, wie die oben angeführten, scheinen demnach nicht nur nicht für unpassend gehalten, sondern beinah gefordert gewe= sen zu sein. — Wir können nach urkundlichen Documenten Ca= stellio's Stellung als öffentlichen Lehrers noch näher bezeichnen. Er gehörte in der facultas artium der zweiten Classe an, [104] welche die sogenannten Laureanden umfaßte, während die erste und niederste den tirones, die dritte und höchste den laureati gewidmet war (jene erste fiel später weg). Die Artisten=Facultät nahm, wie noch jetzt in den Universitätscatalogen der Reihenfolge, so damals dem Rang und Grad nach, die letzte Stelle ein, was schon aus der geringeren Besoldung hervorgeht. Indeß auch diese war nicht für alle Professoren aus der Artisten=Facultät dieselbe; diejenigen der dritten Classe wurden jährlich mit 70 Gulden ho= norirt, während die übrigen mit zehn weniger vorlieb nehmen mußten. Es liegt eine Beschwerde aus jener Zeit vor, welche Basilius Amerbach zum Verfasser hat; in dieser wird zu Gunsten der Professoren aus der Artisten=Facultät das Gesuch an den Rath gestellt, es möchte ihr Gehalt dadurch verbessert werden, daß auch ihnen gleich ihren Collegen aus den höhern Facultäten jährliche Naturalien verabreicht würden. [105] Dieß Begehren indeß wurde vom Rath abschlägig beschieden, die Besoldung in Geld dagegen genehmigt. Als Motiv wird angegeben das sehr allgemeine „uß Ursach." Die Fonds für Besoldungserhöhungen flossen aus den Canonicaten zu St. Peter. Sieben Professoren (2 Theolo=

gen, 2 Juristen, 3 Mediziner) erhielten je ein solches zugewiesen; [106] die Regenz hatte schon früher das Recht zu diesen Gefällen, aber eine Zeit lang war es ein leerer Rechtstitel ohne Werth, denn „die vormaligen Canonikatsgefälle in denen Römisch-Catholischen Herren- und Nachbarschaften geriethen in's Stocken weilend während den Schmalkaldischen Religionskriegen die Prälaten und Clerisey selbige zur Besoldung evangelischer Lehrer nicht gerne abfolgen lassen.“ [107] Nach dem Religionsfrieden jedoch (1555) mußten sie sich bequemen und im Jahr 1561 wurde der Streit mit dem Stift St. Peter dahin reglirt, daß dieß „E. E. Regenz und denen professoribus in den höhern Facultäten übergeben wurde mit aller Verwaltung, Rechten, Prärogativen commodis und oneribus.“ Diese Besoldungen waren auch für jene Zeit sehr niedrig und standen nicht im richtigen Verhältniß zu andern. (Der damalige „Schuelmeister“ auf Burg — Münsterplatz — Thomas Plater bezog z. B. jährlich 200 Gulden!) Für Castellio's zahlreiche Familie reichte die seine in keiner Weise aus, und wir begreifen, daß er nicht nur durch schriftstellerische Arbeiten, sondern auch durch Beschäftigung in den Druckereien, ja selbst durch niedrigere Hantierungen sich neue Erwerbsquellen öffnen mußte.

Die Pflichten eines Professors der griechischen Sprache sind näher bezeichnet als folgende: [108] Er hatte in der Woche viermal zu lesen (publice), d. h. an einem Dichter, oder Historiker oder Redner die Sprache zu erklären, zugleich aber auch, wo es nöthig war, grammatikalische Regeln anzugeben und seinen Zuhörern solche abzuhören, dann, wenn die Reihe ihn traf, im Monat durchschnittlich einmal, öffentliche Disputationen, ebenso auch die Declamationen der Jünglinge zu leiten; auch mußte er sich der Besorgung von Geschäften in seiner Facultät unterziehen. —

Die Professur war es nun aber zum kleinsten Theil, welche Castellio's Leben ausfüllte: die Uneinigkeit zwischen ihm und Calvin, welche seinen Weggang aus Genf zur Folge hatte, war durch die Ferne nicht erloschen, sondern glomm fort, um bei jeder Gelegenheit in stärkere und hellere Flammen auszuschlagen. Die Differenzpunkte zwischen den beiden Männern befanden sich nun allerdings nicht mehr auf der Oberfläche des kirchlichen Dogmas, sie vertieften sich mehr und mehr in das Verhältniß zwischen Göttlichem und Menschlichem, sie behandelten Fragen, welche beide Partheien als Lebensfragen ansahen und im Geiste ihrer Zeit als solche ansehen mußten — es war ein Kampf, der jede Versöhnung ausschloß. Der Angelpunkt der calvinischen Lehre, sein Dogma von der Prädestination sammt allen ihren Consequenzen, das Dogma vom freien oder unfreien Willen, das Verhältniß der kirchlichen oder staatlichen Gewalt zu dem Gewissen des Einzelnen, des Buchstabens zum Geist — alles das wurde Gegenstand des Zweifels und dadurch gezwungen, mit allen Waffen des Geistes im erbitterten Kampfe sein Recht zu verfechten. Wären nur diese Waffen geistige geblieben und hätten sich nicht mit dem Rost des Gemeinen und Rohmenschlichen so oft befleckt! Hätte sich der Kampf innerhalb der von der Sache gegebenen Schranken bewegt und wäre nicht links und rechts ausgeschweift in das Gebiet des Persönlichen, um die finstern Dämonen des Neides, der Schmähsucht, der Verläumdung als Verstärkung herbeizuholen! — Es ist nun eine ziemlich leichte und mühlose Art, den letzten Entscheid über diese Vorgänge zu fällen, wenn man, in wohlverdienter Ehrfurcht vor dem gewaltigen Geist des Reformators, alle und jede Schuld auf dessen Gegner wälzt [109] und diesem die Fähigkeit abspricht, mit seinem Maaß geistigen Wesens auch nur an das Verständniß der hohen Ideen Calvins heranzureichen: [110] der unbefangene, von theologischen Standpunkten oder Autoritäten unbeirrte Beurtheiler muß zu einem andern Ergebniß gelangen und wenn er auch den Castellio nicht von aller Schuld freisprechen kann, doch das größere Maaß derselben dem Calvin und dessen Anhang zusprechen. Mag sein, daß diese Männer in jener Zeit des Schwankens zu größerer Strenge gegen anders Denkende, sogenannte Irrlehrer, berufen und befugt waren, als unser Zeitalter jemals einräumen oder verzeihen würde — wir haben dieß schon oben zugestanden — aber Unrecht ist nie erlaubt, und wenn man auch von jenem Standpunkte aus Castellio's Vorgehen hie und da ein verfrühtes, seiner Zeit weit vorauseilendes bezeichnen mag, so liegt in diesem Geständniß doch auch ein Lob

für das Streben und den Blick des Mannes, und das moderne
menschliche Bewußtsein sympathisirt meistens mit ihm, nicht weil
er der Verfolgte, der Märtyrer ist, sondern weil seine Ansichten
und Ueberzeugungen wirklich die menschlicheren gewesen und die
unsrigen geworden sind. Die größere Mäßigung in diesem trüben
Kampfe kann auch der größte Bewunderer Calvins und Beza's
dem Castellio nicht absprechen; „die gehässigsten Vorwürfe und
Schimpfreden," sagt ein bekannter Kirchenhistoriker,[111]) seien von
Calvins Seite (und Beza's, fügen wir hinzu,) ausgegangen."

Im Jahr 1552 hatte Calvin seine Schrift „de praedesti-
natione" herausgegeben, und in demselben Jahre nennt er in
einem Briefe[112]) den Castellio wiederholt ein „monstre", nachdem er einige Jahre vorher dem Adressaten denselben Castellio
als ziemlich eleganten Uebersetzer für irgend eine Schrift vorgeschla-
gen hatte. Was war in der Zwischenzeit vorgefallen? Es ist mehr
als wahrscheinlich, daß Castellio in eben jenem Jahre 1552 sich
des von den Genfern verfolgten Hieronymus Bolsec angenommen
hatte, welcher eine ähnliche Ansicht über die Erwählung des Menschen wie Castellio sie hegte zu vertheidigen wagte. Im Gefängniß ließ er sich vernehmen, er erwarte Hülfe und Trost von
den Baslern, und daß diese Erwartung sich besonders auf Castellio und dessen Einfluß stützte, mochte den Genfern damals so
glaublich sein, wie heute noch uns selber. Beza wenigstens gibt
es mehr als einmal zu verstehen. Indeß ein öffentlicher Streit
entstand daraus noch nicht. Er ließ aber nicht lange warten.

Im Jahr 1554 wurde dem Rathe zu Genf ein Libell zugesandt,
welches gegen Calvin und dessen Lehre gerichtet war. Der Verfasser war pseudonym, gleichwohl zweifelte Calvin keinen Augenblick,
daß es Castellio sei, der in Verbindung mit andern das Schriftstück
zu dem Zweck eingesandt habe, damit ein öffentlicher Aufstand
gegen Calvin losbreche.[112a]) Wir können über dasselbe nicht mehr
urtheilen, wissen nicht, inwiefern Calvins Angabe, daß es von
Schmähungen gegen ihn strotze, richtig sei, aber das ist gewiß,
daß Calvin es nicht ohne Weiteres dem Castellio zuschreiben und
auf diesen Glauben hin mit Schmähungen gegen ihn erwi-
dern durfte. Gleichwohl nennt er ihn — in einem Briefe an

Sulzer in Basel — eine giftsprühende, ungezähmte und hart=
näckige Bestie und klagt ihn der Heuchelei an, welche unter der
Maske christlicher Demuth und Liebe die höchste Arroganz ver=
berge.[113]) Nun sind dieß gerade diejenigen Laster, von denen,
nach dem Urtheile Aller, Castellio am weitesten entfernt war.
Sulzer antwortete, daß dieß Betragen Castellio's ihn sehr in
Erstaunen setze; man merkt aber seinen Worten wohl an, daß er
eben noch nicht überzeugt ist. Daß übrigens Castellio gerade
in den Hauptsätzen der calvinischen Lehre entgegentrat, hatte Cal=
vin schon aus dessen Vorrede zu beiden Bibelübersetzungen augen=
scheinlich entnehmen können; noch schroffer war der Gegensatz
hervorgetreten in der von Castellio verfaßten Erklärung des
9. Capitels im ersten Corintherbriefe, dessen Veröffentlichung aber
in den meisten Exemplaren der Bibel unterdrückt worden war.
In jenem Jahr (?) 1554 (?) gelang es Beza, der für Alles,
was er für religionsgefährlich hielt, ein außerordentlich feines
Spürvermögen besaß, eine aus der Schweiz nach Paris zum
Druck gesandte Schrift aufzufangen, die nun wiederum, obwohl
sie namenlos war, schlechtweg dem Castellio auf Rechnung gesetzt
wurde, und zum Ueberfluß erschien in demselben Jahre eine fer=
nere Schrift, die ebenfalls der Lehre Calvins biametral entgegen=
gesetzt war — natürlich mußte sie wieder von Castellio stam=
men.[114]) Eine derselben — der Conseil à la France désolée
— ist nun allerdings mit ziemlicher Sicherheit ihm zuzuschrei=
ben.*)[115]) Ihr Inhalt war, nach Beza, die Kirche zu bestimmen,
Jeden glauben zu lassen was er wolle (que chacun croye ce
qu'il voudra). Dieses in den Augen Beza's todeswürdige Ver=
brechen, das in unserer Zeit eine angenommene Regel geworden
ist, hat aber Castellio sicher nicht einmal begangen. Denn in
gewissen Glaubenspunkten dem freien Urtheil und dem Gewissen
Raum lassen, was Castellio that und zeitlebens befürwortete, ist doch
etwas ganz Anderes als völlige Glaubensfreiheit predigen. Wegen

---

*) Sie ist auch geradezu unter seinem Namen (1567) in lateinischer
Uebersetzung während der Wirren des Arminianismus wieder ausgegeben wor=
den; in Holland. (v. Bayle s. v. Castellio p. 85.)

der andern Flugschrift — **recueil certain** u. s. w. — wurde Castellio auf Betrieb der Genfer vor eine Versammlung der Geistlichkeit Basels geladen und hieselbst über die Autorschaft befragt.
Er wies sie von sich ab und hat auch später schriftlich sich dagegen verwahrt.[116] Kurz nach jener Vorladung, behauptet Beza,[117]
sei Castellio aufgefordert worden, über seine Ansichten von Prädestination und freiem Willen in öffentlicher Disputation sich aus-
zusprechen. Hier sei seine Lehre verworfen (**condamnée**) und
ihm selber anbefohlen worden, „de ne se mesler de bouche ni
par escrit que de sa lecture, ce qu'il promit et observa très-
mal." Die letzte Bemerkung ist richtig, aber daß er sein Versprechen, wenn er wirklich ein solches gegeben hat, nicht halten
konnte, daran waren die unaufhörlichen Verfolgungen der Genfer
eben so sehr oder noch mehr schuld als er selbst.

Kein Werk aber hat die Flamme des Hasses mächtiger ge-
schürt und den Riß zwischen den Genfern und Castellio's Parthei
— denn wir haben jetzt schon völlig geschlossene Partheien —
unheilbarer gemacht als das bald nach Servet's Feuertod erschienene,
gegen die Todesstrafe der Ketzer gerichtete Collectivwerk, das gewöhnlich kurzweg „Martinus Bellius" oder „de non puniendis
gladio haereticis" betitelt wird und worin Abhandlungen und
Aussprüche berühmter Männer und kirchlicher Autoritäten unter
theils pseudonymen, theils übersetzten Namen zu dem oben genannten Zwecke aufgeführt werden. Kein härterer Schlag hat
die Genfer getroffen als dieses Buch, keines war aber auch noth-
wendiger als dieses, um der religiösen Unduldsamkeit, ja dem
Fanatismus, welche durch Servet's Hinrichtung gleichsam eine
staatliche und kirchliche Weihe empfangen hatten, Einhalt zu thun.
Im October 1553 war Servet als Irrlehrer in Genf verbrannt worden und im März des folgenden Jahres wurde jenes Buch der Oeffentlichkeit übergeben.[118] Der Titel lautete, nach deutscher Uebersetzung,[119] folgendermaßen: „Ob man die Ketzer verfolgen und
überhaupt, wie man mit ihnen verfahren müsse: Ansichten und
Aussprüche darüber von Martin Luther, Johann Brenz und vielen
andern, älteren und neueren. Dieß Buch ist in dieser so stürmi-
schen Zeit sehr nothwendig für Alle, und besonders für die Für-

ften und Obrigkeiten vom größten Nutzen, damit sie daraus er-
lernen, welches in einer so streitigen und so gefährlichen Sache
ihre Pflicht sei. Magdeburg bei Georg Rausch." — Das Ganze
war eingeleitet durch eine Widmung an den ritterlichen Herzog
Christoph von Würtemberg und der Vorredner nannte sich Martinus
Bellius. Indeß diplomatisch sicher ist der lateinische ursprüngliche
Titel nicht mehr herzustellen, er hat auch nachweisbar in verschiedenen
Auflagen und Ausgaben verschieden gelautet. So erschien Luther
auch unter dem gräcisirten Namen Aretius Catharus, Sebastian
Frank (was Beza nicht herausbrachte) hieß Augustinus Eleutherus,
Johann Brenz erschien als Johann Wittling (die diesem zuge-
schriebenen Worte sind sämmtlich von Brenz, dem Reformator
Würtembergs [120]) und so scheint es, daß die absichtlich veränderten
und übersetzten Namen die ursprünglichen waren. Ob jener Zusatz von der Nothwendigkeit und dem Nutzen des Buches auch
schon den Titel der ersten Auflage schmückte, steht dahin, ist aber
deßwegen weniger wahrscheinlich, weil er in der französischen,
gleichzeitig erschienenen Uebersetzung fehlt. [121]) Die außer den genannten ferner citirten Gewährsmänner sind Erasmus (de erroribus Bedae), Otto von Brunfels, Pellican (Pandecten), Hedio,
Urbanus Rhegius, Basilius Montfortius, Georgius Kleinberg, Augustinus, Chrysostomus, Hieronymus, Curio (gegen den
Antonio Fiorebello, den Vertheidiger der päpstlichen Macht,) und
Castellio selber (Vorrede zur Bibelübersetzung). Am meisten em-
pört waren die Genfer über den pseudonymen Martinus Bellius,
den Vorredner, weil dieser augenscheinlich mit Tendenz gegen sie
geschrieben hatte und ihnen am schärfsten zusetzte. Ehe wir uns auf
Vermuthungen über den wahren Gewährsmann einlassen, möge
eine kleine Analyse der Hauptstücke folgen: Die Vorrede, welche
die Frage behandelt, was ein Ketzer sei und wie man mit ihm
verfahren müsse. Sie ist aus verschiedenen Gründen an Herzog
Christoph gerichtet, einmal, weil dieser am Reformator seines
Landes, an Brenz, einen sehr mild denkenden Mann zum geistlichen Berather hatte, dann aber, weil der Einfluß dieses Fürsten
ein sehr mächtiger war und man suchen mußte, sich seiner Gunst
zu versichern, und endlich, weil die protestantisch duldsame Reli-

gion desselben eine solche Widmung am meisten zu verdienen
schien. Ein zweiter Abschnitt behandelt die Frage, ob die Ketzer
am Leben zu strafen seien, und stammt von Aretius Catharus
(Martin Luther). Ein dritter, von Joh. Wittling (J. Brenz)
frägt, ob die Wiedertäufer von der Obrigkeit mit dem Tode bestraft werden dürften und ein vierter (Basilius Montfortius) widerlegt alle Gründe, welche für Todesstrafe können geltend gemacht werden.

In der Vorrede des Martinus Bellius nun wird zuerst das
Wort haereticus (Ketzer) näher erklärt (es kommt vor in der
epist. ad Tit. c. 3, vgl. Matthäus 18). Christi Ausspruch sei
der, man solle den, welcher selbst die Kirche nicht höre, geradeso
ansehen wie den Heiden und Zöllner. Daraus gehe hervor, daß
ein Ketzer ein hartnäckiger Mensch sei, der einer zeitgemäßen Ermahnung keine Folge leiste, bestehe nun diese Hartnäckigkeit in
leiblichen Dingen (Geiz, Müssiggang, Schwelgerei) oder in geistigen. Nun werde allerdings das Wort vorzugsweise in letzterem
Sinne gebraucht. Dem Ananias, welcher das Volk habe vom
Gehorsam entfernen wollen, sei von Jeremias der Tod angesagt
worden auf Befehl des Herrn... „Unter Christen — ruft der
Verfasser aus — laßt uns einander nicht verdammen, sondern
wenn wir gelehrter sind, so laßt uns auch besser und barmher-
ziger sein. Denn das ist gewiß, je besser einer die Wahrheit
kennt, um so weniger ist er geneigt andere zu verdammen, wie
dieß das Beispiel Christi und seiner Apostel zeigt. Wer aber
leichthin andere verurtheilt, zeigt dadurch, daß er nichts weiß, da
er nicht einmal weiß einen andern zu ertragen".... Durch die
Verdammungswuth entsteht der größte Schaden für die Verbrei-
tung der Religion: „denn wer wollte ein Christ werden, wenn
er sieht, daß die Bekenner dieses Namens von Christen selber mit
Feuer und Wasser und Schwert vertilgt und grausamer behandelt werden als Räuber und Mörder... O Christus, du siehst
dieß (Anspielung auf Servet, welcher Christum auf dem Schei-
terhaufen anrief), bist du so ein ganz anderer, so grausam, so
dir unähnlich geworden? Als du noch auf Erden wandeltest,
war niemand milder, niemand gnädiger, niemand geduldiger als

bu. Wie das Lamm vor dem Scherer hast du nicht einmal einen Laut von dir gegeben! Von Geißelhieben zerfleischt, bespuckt, verhöhnt, mit Dornen gekrönt, zwischen Schächern schmachvoll gekreuzigt hast du für die gebetet, welche allen jenen Schimpf über dein Haupt brachten! Bist du nun so verändert? Ich frage dich bei dem heiligen Namen des Vaters, befiehlst du, daß diejenigen, welche deine Lehren und Gebote nicht so verstehen, wie unsere Lehrer es vorschreiben, sollen ertränkt, daß sie sollen bis auf's Blut gepeitscht, dann mit Salz bestreut, mit dem Schwert verstümmelt, dann an langsamem Feuer geröstet und auf jede mögliche grausame Art langsam gemartert werden? Das solltest du, Christus, befehlen und billigen? Sind das deine wahren Stellvertreter, welche diese Opfer vollziehen? Zu diesem Opferschmaus lässest du dich einladen und erscheinst du? und issest von dem Menschenfleisch? Wenn du, Christus, das thust oder thun heißest, was hast du denn dem Teufel noch gelassen? Oder thust du dasselbe was der Satan? O der gotteslästerlichen, ruchlosen Frechheit der Menschen, die das von Christus herleiten, was sie selbst auf Befehl und Anstiften des Satans thun!" — — — Jeder ist ein Ketzer in einer andern Sekte, so viel Menschen, so viel Ketzer! Zwei Gefahren sind bei der Ketzerverfolgung: entweder ist der Verfolgte keiner (so wenig als Christus und die Apostel, welche doch als solche verfolgt wurden), oder der wirkliche Ketzer wird viel strenger bestraft, als sich mit den Prinzipien der christlichen Religion verträgt. „Wenn ich mich selber prüfe, so sehe ich, daß meine Sünden so groß und so viele sind, daß ich von Gott keine Verzeihung zu erlangen glaubte, wenn ich Andere verdammen wollte!" — Christus und die Apostel haben nie Andere verfolgt, sondern nur Verfolgungen erduldet. Weiterhin heißt es: Die Menschen disputiren nicht über den Weg, auf welchem man zu Christo gelangen kann, d. h. über Besserung des Wandels, sondern über Christi Stand und Amt, über seinen gegenwärtigen Aufenthalt, wo er jetzt sei, was er thue, wie er zur Rechten des Vaters sitze, wie er eins mit dem Vater sei; ferner über Dreieinigkeit, Prädestination, freien Willen, über die Engel, den Stand der Seele nach dem Tode und lauter dergleichen Dinge, welche **weder nöthig**

sind um die Seligkeit durch den Glauben zu erlangen, noch auch
können erkannt werden, ehe wir ein reines Herz haben. — Die
Scheidemünzen haben je nach den Ländern verschiedenen Werth
— Gold gilt überall. So laßt uns auch in der Religion ir=
gend eine goldene Münze haben, welche überall Kurs hat, wie
auch ihr Stempel sei. An Gott den Vater, den Sohn und den
heiligen Geist glauben, und die Vorschriften zur Frömmigkeit,
die in den heiligen Schriften enthalten sind, billigen, das ist die
goldene Münze und besser noch und gediegener als Gold, aber
diese Münze hat noch verschiedene Bilder, so lange die Menschen
unter sich über das Abendmahl, die Taufe und dergleichen Ge=
genstände streiten.

Hören wir nun über Werk und Verfasser zuerst die Stimme
der Zeitgenossen. Beza äußert sich darüber im Mai 1554, we=
nige Monate nach Erscheinen desselben, es sei unglaublich, mit
welcher Kunst das Buch von seinen Verfassern (architectis) ge=
heim gehalten worden sei; doch sei ihm kein Zweifel, daß es am
Rheine geschrieben und herausgegeben sei. Die Vorrede sei un=
gelehrt und schmähsüchtig gehalten, in der eigentlichen Sammlung
(farrago), welche der Vorredner veranstaltet habe, werde der
Gegenstand ausführlicher und deutlicher behandelt und zwar sei
dieser Gegenstand derselbe, welchen Castellio in der Vorrede zur
Bibelübersetzung erörtere, ja er sei beinah vollständig dorthin
übertragen worden.[122] Wer Augustinus Eleutherus und Geor=
gius Kleinberg sei, darüber sei er vollständig im Dunklen.
Darnach kannte er also den Martinus Bellius und den Basilius
Montfortius? Was jenen betrifft, so wissen wir ganz bestimmt,
daß B. den Castellio für den verkappten Verfasser hielt. Er sagt
es ihm mehr als einmal offen in's Gesicht. Seine Gegenschrift,
die er herauszugeben sich veranlaßt glaubte,[123] ist geradezu ge=
gen Castellio gerichtet, welchen er als den Anführer der Secte
ansah. Er frägt zuvor einen Glaubensgenossen in Basel, den
Arzt Gratarolus, ob er mit gutem Grund und Gewissen den
Castellio in jener Antwort als Verfasser hinstellen dürfe und ob
im Leugnungsfalle Castellio könne überführt werden.[124] Von
Basel aus scheint demnach bestätigende und ermuthigende Antwort

eingelaufen zu fein. Das ganze Werk, behauptet er, fei, in's
Französische übersetzt, von einem Bruder Castellio's selber nach
Lyon in die Druckerei gebracht worden. [125] Castellio aber habe,
über seine Autorschaft von der Basler Geistlichkeit befragt, dieselbe rundweg und fälschlich geleugnet. Das war deutlich. In
einer andern Schrift [126] sagt er, die Hauptverfechter der Meinung, daß man Ketzer nicht mit dem Tode bestrafen dürfe, seien
Sebastian Castellio und Laelius Socinus, und zwar dieser mehr
versteckt, jener dagegen in ganz offenkundiger Weise, sowohl in
seiner Vorrede zur Bibelübersetzung, als unter dem Namen Martinus Bellius, obschon er dieß später eidlich von sich abgelehnt
habe. Neben den beiden erwähnten Männern sollte dann auch,
wie Beza auf's bestimmteste in Erfahrung gebracht zu haben be-
hauptete, als dritter Coelius Curio an dem Werke gearbeitet
haben. [127] Hören wir auch Calvin's Ansicht. In einem das
Jahr nach dem Erscheinen jenes Buches geschriebenen Briefe [128]
heißt es, ein Anhänger Castellio's hätte (in Poitiers?) Unruhen
angestiftet und nenne als seine Verbündeten eben den Castellio
und zwei andere Professoren in Basel. Aber davon sage er nichts,
daß in Basel über Hefte (cayers) und Bücher Castellio's, welche
die Prädestination bekämpfen sollten, das Verdikt ausgesprochen
und unter Todesstrafe deren Veröffentlichung verboten worden sei.
Diese drei Männer vertrügen sich zu einander wie Hund und
Katze, nur in dem einen Punkte stimmten sie überein, daß man
die Ketzer nicht mit dem Tode bestrafen sollte. [129] Zu diesem
Zweck hätten sie das schöne Buch „de non puniendis haereticis"
fabricirt, wo sie sowohl die Namen der Städte als der Personen
gefälscht hätten u. s. w. — Die drei angedeuteten Männer sind
nun aber Martin Borrhaus (auch Cellarius genannt), Coelius
Secundus und Sebastian Castellio. [130] Hier tritt also, statt
Beza's Socinus, der Professor theol. Borrhaus als Mitverfasser
auf. — Und nun die Neueren. Es ist natürlich, daß Beza's
entschiedenes Auftreten gegen Castellio bestimmend auch auf die
späteren Forscher einwirkte; so überliefert Fabricius eine Notiz, [131]
daß auf einem Exemplar dieses Buchs die Namen des Castellio,
des Curio und des Coelius Socinus als die Verfasser beigeschrie-

ben gewesen seien, und fügt bei, die Namen Kleinberg und Montfort halte er für erdichtet. Mosheim [132]) dagegen hält Montfort für einen wirklichen Namen und entscheidet sich in Betreff des Martinus Bellius gegen die Autorschaft des Castellio, denn diese nur auf Beza's Aussage gegründeten Ansicht widerspreche erstens die Schreibart (?!) zweitens der Eid Castellio's. Anbei wirft er die Frage auf, ob Castellio selbst gegen die Anmuthungen Bezas oder ob Beza gegen ihn als Irrlehrer aufgetreten sei? (Das Letztere ist unzweifelhaft das Wahre.) Henry [133]) sagt ganz trocken: „Castellio hatte seine Schrift gegen die Ketzerstrafen lateinisch und französisch edirt." Am entschiedensten und positivsten spricht sich hinsichtlich Castellio's A. Schweizer aus [134]): Dieser sei nämlich Basilius Montfortius, Martinus Bellius selbst sei nie enthüllt worden, Castellio habe, „wie sich jetzt beweisen lasse" feierlich die Autorschaft desselben abgelehnt. — Ich selber habe leider keinen urkundlichen Beweis für jene eidliche Ablehnung auffinden können. Was nun aber jene Deutung betrifft, Basilius = Sebastianus (σεβαστός hießen die römischen Kaiser, die βασιλεῖς) und Montfortius = Castellio, so ist sie sinnreich genug, aber auf keinen Fall evident. Der Vorname des Sebastian Frank wird nicht durch Basilius, sondern durch Augustinus übersetzt (σεβαστός = Augustus), ferner schreibt Beza (an einer schon angeführten Stelle), daß er diesen Augustinus Eleutherus und den Georgius Kleinberg nicht kenne, woraus hervorzugehen scheint, daß er den Montfort kannte, und wenn er in diesem den Castellio versteckt glaubte oder wußte, so würde er dieß gehörig der Welt verkündet haben. Wenn man aus dem Namen herausdeuten will, so könnte man sogar in jenem Kleinberg den Castellio suchen, insofern dieser der Etymologie seines Namens wenigstens ebenso entsprechend in einem später anzuführenden Spottgedicht Monsieur Petit-château (Kleinburg) genannt wird. Jener Martinus Bellius aber, könnte er nicht nur eine abstracte Bezeichnung sein, wodurch gleich am Eingang des Werkes jenen Inquisitoren der Krieg erklärt würde (Martinus von Mars, dem Gott des Bellum, woher Bellius?)? Oder wie? Wenn sich ein Socin, entsprechend der Bedeutung seines Namens, als Herausgeber eines Werkes Turpio „den Häßlichen“ nannte, konnte nicht sein Oheim sich auch einmal spielend Bellius „den Schönen“ (bellus) taufen, d. h. könnte nicht Laelius Socinus jener Martinus Bellius sein? [135])

Aber mit etymologischem Klügeln wird der Gegenstand kaum in's Reine gebracht werden. Inhalt und Form müssen den Entscheid geben. Daß Basel der Druckort war, ist außer allem Zweifel. „Magdeburg an der Elbe“ deutet schon auf Basel am Rhein, und in Georg Rausch dem Drucker scheint mir, bei der Bestimmtheit aller Anzeichen welche auf Basel hinweisen, wohl erlaubt zu sein, den Oporinus zu erkennen (effectus pro efficiente nennen die Grammatiker diese Figur, nach welcher der Rausch als zunächst vom Herbst herstammend, für diesen selbst gesetzt wird).*) Sehen wir nun weiter, daß allem Anschein nach Curio und Castellio bei Oporin gemeinschaftlich das Amt von Correctoren versahen, [136]) daß Beide auch mit Auszügen aus ihren Schriften unter der Reihe jener Autoren gegen die Ketzerstrafe aufgeführt sind, bedenken wir das Urtheil der Zeitgenossen, so werden wir den Beiden wohl einen großen, ja den Haupttheil an jenem Werke zuschreiben dürfen. Wahrscheinlich haben sie in der Weise gemeinschaftlich gearbeitet, daß allfällige spätere Criminationen und peinliche Fragen berücksichtigt wurden, d. h. so, daß keiner allein für den Verfasser zu gelten brauchte und die Autorschaft, wenn sie ihm angemuthet wurde, insofern ablehnen durfte, als sie ihm eben nicht allein gebührte. So läßt sich das Leugnen Castellio's, wenn es je stattfand, erklären, und dergleichen Cautelen, welche allerdings bei gewöhnlichen Fragen und zu gewöhnlichen Zeiten für jesuitisch gelten müßten, dürfen wahrlich milde beurtheilt werden für Zeiten, wo das Leben auf dem Spiele stand und wo man doch um so eher den Drang fühlen und befriedigen mußte, durch das Wort auf die verblendeten Fanatiker zu wirken und dem Wohl der gefährdeten Menschheit zu dienen. Beider Männer Antheil kann also nicht eng und genau begränzt

---

*) Auch der agrarische Vorname Georg (γεωργός) scheint mit Beziehung gewählt zu sein.

werben, jedoch hat Castellio sicher den größeren Theil der Arbeit geliefert, wenigstens zu der Vorrede. Aber auch Basilius Montfortius athmet völlig seinen Styl und seinen Inhalt — ein tabelloses Latein, concise, kurze Sätze, gleiche Argumente und Figuren wie im Martinus Bellius, gleiche Anspielungen, gleiche Bilder (die gulosi und avari, die pharisaei und scribae, die spiritualia und corporalia arma u. s. w.), so daß ich auch hier eine letzte Ueberarbeitung und Ausfeilung durch Castellio annehme. Ob und welchen Antheil Borrhaus oder Laelius Socinus an dem Werk gehabt haben, darüber wage ich nicht einmal eine Vermuthung.

Sehen wir uns nun die Vorrede und die Gründe für unsere Ansicht noch etwas näher an, so widerstreitet es dieser durchaus nicht, daß Castellio selber mit wirklichem Namen unter den Anti-inquisitions=Auctoren seine Stelle einnimmt; es ist dieß eine ziemlich einfache List, um den größeren Verdacht abzulenken. Gewichtig ist schon Beza's Argument, daß die in der Vorrede zur Bibelübersetzung von Castellio aufgestellten Sätze sich (weiter ausgeführt) bei Martinus Bellius wiederfinden; die Uebereinstimmung ist oft eine wörtliche. Das leicht fließende, saubere, ungeschminkte und doch äußerst kräftige Latein Castellio's (selbst mit grammatischen Eigenthümlichkeiten, z. B. jubeo *ut*) findet sich hier wie photographirt; sprechend und ihm durchaus eigen ist die vorherrschende Betonung der Charitas, ferner sein Hervorheben des reinen Herzens (cor mundum), seine Behauptung, daß niemals, durch alle Jahrhunderte hindurch nicht, das Divergiren über gewisse religiöse Punkte aufhören werde, die Ansprache an einen Fürsten, die leise Vertheidigung der Wiedertäufer in Betreff ihres eigentlichen Dogma's (er äußert sich: credo hominem non ante baptizari debere quam possit fidei suæ reddere rationem), die Stelle mit dem „Splitter" und „Balken" im Auge, die mit andern Stellen in Castellio's Schriften durchaus übereinstimmende Erklärung des Wortes Häretiker, die Wiederholung des Spruches: qui sine misericordia judicium fecerit eadem mensura rependetur, die Erwähnung der pharisæi und scribæ, die Behauptung, nicht nur die christlichen sogenannten Ketzer solle man

nicht verdammen, sondern nicht einmal die Türken oder Juden,
und andere Anhaltspunkte mehr. Als charakteristisch führe ich zum
Schluß auch eine Stelle aus der französischen Uebersetzung an,
welche außer dem Inhalt des lateinischen Werkes noch eine Vorrede an Wilhelm, Grafen von Nassau, enthält. Der Verfasser
dieser neuen Zugabe ist ohne Zweifel derselbe, der an Christoph
von Würtemberg die lateinische Vorrede verfaßt hat. Er sagt
unter anderm: Ueber einzelne Fragen solle man sich nicht quälen,
z. B. über die eigentliche Zusammensetzung der Trinität (es genüge zu glauben, daß es ein einzelnes göttliches Wesen in drei Personen gebe), oder über die Frage, von welcher Beschaffenheit der Leib
Christi im Himmel sei, oder ob Gott die einen geschaffen habe
zur Seligkeit, die andern zur Verdammniß, oder wie Christus
zur Hölle gefahren sei. Die Hauptsache sei eben, an die
Hauptartikel der Religion zu glauben und über andere Nebendinge
jedem sein Gutdünken zu belassen. — Das ist so ächt Castilio-
neisch wie nur irgend Etwas. [137])

Und nun die Beurtheilung des Buches nach seinem inneren
Werth und Gehalt. Sie lautet je nach dem kirchlichen Standpunkt sehr verschieden, die unparteiische menschliche dagegen, die
moderne Anschauung, muß jenes Streben durchaus für gerechtfertigt, ja für edel halten und im Namen der Menschheit jenen
Kämpfern heute noch danken und sie einschreiben in das große Erin-
nerungsbuch des Menschengeschlechtes neben dessen anderen Heroen
und Wohlthätern. Wir wollen nicht, als Autorität gegen Calvin, den Voltaire und dessen Urtheil zu Ungunsten jenes Mannes
und zu Gunsten Castellio's anführen, [138]) aber gegen die in
neuerer Zeit wieder auftauchende Richtung, Alles und Jedes an
dem großen Reformator gut zu finden oder doch wenigstens zu
vertheidigen, selbst seine bedauerlichsten Ausschreitungen, darf doch
das Wort Senebier's [139]) angeführt werden, daß in der Sache des
Servet Calvin „von dem Rost seines Jahrhunderts besleckt war
und dessen Grausamkeit und Thorheit theilte," daß dagegen Castellio „triftige Gründe für die Toleranz geltend machte". „Die
Hinrichtung Servet's — fährt jener Schriftsteller fort — diktirte
ihm jenes Buch, welches die christliche Liebe mit ihrem Stempel

besiegelte und die gleiche christliche Liebe verbot anzugreifen." Ein Kirchenhistoriker meint, [140]) es werde in jenem Buche „von den Ketzern und ihren Strafen nicht unberedt und ungeschickt, aber auch nicht gründlich genug gehandelt," und „es enthalte Nichts was irgend Jemand Unehre machen könne;" über die Vorrede des Bellius im Besondern urtheilt er, sie vertheidige eine gute Sache sehr seicht und mit allgemeinen Gründen, welche von verschiedenen Seiten könnten angefochten werden," während Beza (in seiner Gegenschrift) „eine schlimme Sache so witzig und beredt führe, daß man ihn auch da loben muß, wo er offenbar die Luft streichet und Fehlschüsse macht." Noch übler kommt Castellio weg bei Schlosser, der sich also äußert: [141]) Der gelehrte, aber unglückliche, stolze (!!) und unruhige Castellio habe Toleranz predigen wollen, während „jene Zeit und Menschen nicht geeignet waren, eine Toleranz ertragen zu können, die, wenn an die Stelle der Furcht vor der Hölle ein warmer Eifer für das Gute allgemein verbreitet ist, sehr wohl angebracht sein mag u. s. w."; ferner, meint er, werde man nicht zweifeln können, „daß es wohlthätig für jene Zeiten war, wenn Männer wie Beza auftraten"...... „Castellio" — lautet der Schluß — „der es übrigens wohl redlich meinte, zeigt in seiner Vorrede deutlich genug, wie gefährlich in jenen finsteren Zeiten wie die seinige, er auf das Volk und seine Lehrer würde gewirkt haben, wenn es ihm erlaubt gewesen." Viel günstiger und auch viel gerechter lautet das Urtheil eines neueren Theologen: [142]) jene Kämpfer seien über ihrem Zeitalter gestanden, und selten sei „die gute Sache der Dissentirenden in einem so ächt christlichen Sinne mit so viel Kenntniß der heiligen Schrift und so populär dargestellt worden". Von der Vorrede des Bellius speciell, sie sei „mit ebenso viel Geschick als wohlberechneter Klugheit", „mit schlagenden Stellen und Vermeidung jeder direkten Polemik" durchgeführt.

Diesem Urtheil schließen auch wir uns an. Denn wahrlich, wenn man von Gefahr sprechen will, welche in unzeitgemäßem Vorschieben der Toleranz gelegen habe, war denn die Indifferenz, die möglicherweise hätte daraus entstehen können, wirklich eine größere Gefahr, als jene düstere, mit Feuer und Schwert wü-

thende religiöse Strenge? und wo würde diese geendet, in welchem
Stadium des Fanatismus ihre vom Schlagen der Opfer ermüdete
Hand niedergelegt haben, wenn nicht Menschlichkeit und Duldung
ihre Waffen dagegen erhoben hätten? Gerade in jener Zeit muß=
ten solche Stimmen sich geltend machen, wo das Uebel siegreiche
Fortschritte machte und, wenn keiner es bekämpfte, triumphiren
mußte; in unserer Zeit würden jene Prediger von keiner Wirkung,
sie würden nicht mehr zeitgemäß sein, weil die Wahrheit und
Gerechtigkeit ihrer Sache uns schon zur natürlichen, mit unserem
ganzen inneren Wesen auf's engste verwachsenen Ueberzeugung, weil
sie ein Stück unseres religiösen Lebens geworden ist. Wir wollen
hier nicht weiter untersuchen, in wiefern Castellio's Lehre die
Keime des Indifferentismus in sich trug oder nicht, ob seine Un=
scheidung von Hauptdogmen und solchen, welche jeder sich selbst
zurechtlegen müsse, auch scharf genug gewesen sei oder ob er das
Gebiet dieser zweiten Abtheilung zu weit ausgedehnt, die erste
dagegen zu sehr beschränkt habe — sein mannhaftes Auftreten für
die Toleranz, das Betrachten dieser heiligen Angelegenheit als
Lebensaufgabe macht Alles wieder gut, was er wirklich oder in
den Augen seiner Feinde verbrochen hat.[143]

Man braucht, wenn man Castellio's Theilnahme an jenem
Buch etwa bezweifelte, nur einen seiner Briefe zu lesen (welchen
er einem Freund in Belgien schreibt), um seiner milden, Men=
schenliebe athmenden Gesinnung Hochachtung zu zollen. — Es
herrscht darin durchaus nicht jener Geist der „schrankenlosesten"
Duldsamkeit,[144] welche sich gar nicht um die Irrthümer der
Andern bekümmert, noch sich die Mühe nimmt, diese zu wider=
legen; er sagt ausdrücklich, er wolle, daß die Irrthümer wider=
legt würden, aber nicht auf die beliebte Weise, nicht durch Feuer
und Schwert.[145] Michelet sagt, daß Castellio für alle Zukunft
das große Gesetz der Toleranz aufgestellt habe.[146] Dieser Aus=
spruch ist durchaus wahr und es liegt darin ein Verdienst ausge=
sprochen, wie es genügt, den ersten Verfechter des großen Prin=
zips unsterblich zu machen. Das Wort hörten zwar Katholiken
und Protestanten zuerst auf dem Reichstag zu Regensburg,[147]
— aber auch nur das Wort. Castellio ist für sein Jahrhundert

das gewesen, was seine großen Nachfolger auf dieser Bahn, ein
Spinoza, ein Locke, ein Bayle für die folgenden Zeiten; ja
ihm gebührt als Begründer vielleicht ein noch höheres Verdienst,
und es wäre traurig, wenn Schlosser's Ausspruch (in der Ge=
schichte des 18. Jahrhunderts) sich bewahrheiten sollte, daß die
Lehre jener Männer von der allgemeinen Duldung gerade wie=
der in unseren Tagen den entschiedensten Widerspruch finden
dürfte.[148]) Mit der milden Denkart des Mannes in religiösen
Dingen stimmt auch seine Abneigung gegen Grausamkeiten, welche
damals im bürgerlichen Leben im Schwang waren, vor allem
die Tortur. Auch hierin steht er über den meisten seines Jahr=
hunderts. Er will sie höchstens angewandt wissen auf diejenigen
Fälle, wo der Verbrecher durch anderweitige Zeugnisse überführt ist
und dennoch nicht gestehen will.[149])

Es fehlte natürlich nicht an Gegenschriften der Genfer, so=
wohl gegen den sogenannten Martinus Bellius als auch gegen
die übrigen Schriften, welche aus Castellio's Feder flossen; —
überzeugende, unpartheiische, in der Sache selbst liegende Gründe
darf man aber hier leider nicht suchen. Titel und Chronologie
dieser Streitschriften sind nicht immer leicht und sicher zu bestim=
men.[150]) Auf jene dem Rath zu Genf gegen Calvin eingesandte
Schmähschrift antwortete dieser alsobald in der auch lateinisch er=
schienenen „briève réponse"; ebenfalls in beiden Sprachen erschien
bald darauf Calvins Antwort auf die von Beza aufgefangene
und dem Castellio ohne weiteres zugeschriebene Flugschrift (wahr=
scheinlich der Recueil latin de certains articles u. s. w.), und
zwar französisch im Jahr 1557 als Réponses à certaines calomnies et blasphèmes u. s. w., lateinisch im folgenden Jahr 1558
als Brevis responsio ad *Nebulonis* cujusdam calumnias quibus
doctrinam de æterna dei prædestinatione foedare conatus est.
Beza hatte schon früher, im Jahr 1556, in seiner Uebersetzung
des neuen Testaments eine vom zermalmendsten Haß eingegebene,
überaus ungerechte Vorrede gegen Castellio geschleudert; das ge=
nügte ihm aber nicht, er glaubte auch zu den Streitschriften Cal=
vins gegen Castellio stets das Seitenstück liefern zu müssen. — Wie
verhielt sich nun dieser selbst zu den maßlosen Angriffen, welche

ihren Gipfelpunkt fanden in jener schon oben erwähnten Vorrede
der gesammten Genfer-Geistlichkeit zum neuen Testament und
einer bald nachher zu besprechenden, gegen ihn gerichteten und von
oben herab protegirten Comödie? Mit einer Mäßigung, welche
alle Achtung verdient und in ihrer humanen versöhnlichen Form
uns völlig auf seine Seite zieht und unsere Herzen gewinnt. Die
erste Abwehr erschien im Jahr 1558 und war gegen die Schrift
Calvins 'gerichtet, worin dieser ihn auf dem Titel einen Nebulo
genannt hatte, zu deutsch, einen Schurken. Er erklärt darin, daß
er sich so lange besonnen habe, um nicht den Calvin durch eine,
wenn auch noch so mäßige Antwort noch mehr zu reizen und zum
Zorn gegen ihn zu entflammen [151]) und weist Schritt für Schritt
die ihm angedichteten Beschuldigungen und gemeinen Verbrechen ab.
Auf die völlig unwürdige und die schneidendste Entgegnung her-
ausfordernde Anklage des Diebstahls, wovon wir oben gesprochen, verfaßte er zwar eine besondere Gegenschrift „Harpago"
betitelt, die er jedoch nicht veröffentlichte, sondern seinen Freunden mitzutheilen sich begnügte, und dann von seiner Hand unterzeichnet dem Calvin zuschickte. Welcher seiner Gegner würde
ebenso gehandelt haben? Auch die Vertheidigung seiner Bibelübersetzung veröffentlichte er lange nicht, sondern schickte den
Hauptinhalt derselben an Beza und erst 1562 wurde dieser Brief
in seiner gedruckten Vertheidigung publizirt. [152]) Die inzwischen
erschienene Vorrede der Genfer-Geistlichkeit aber und die Comödie
machten nun einen zweiten Theil jener Abwehr gegen die Calumniæ nothwendig, welcher unter demselben Titel im Jahr 1561
erschien. [153]) Auf Anrathen seiner Freunde und mit Zustimmung
des academischen Rathes hatte er sich zu dieser Vertheidigung ent-
schlossen. Der academische Rath hatte sich dahin ausgesprochen,
daß er sich in seiner Vertheidigungsschrift nur über die in Betreff
der Bibelübersetzung erhobenen Anschuldigungen aussprechen sollte
— ein Entscheid, welcher zum Zweck hatte den Streit endlich
einmal abzubrechen und nicht noch Anlaß zu weiterer Ausdehnung
desselben zu geben. Castellio mußte sich fügen, und es wurde
manches in seiner Vertheidigungsschrift von den Censoren, welche
jene vom academischen Senat vorgeschriebenen Grenzen zu beob-

achten hatten, gestrichen. Beza antwortete, mißhandelte den Castellio von neuem, tadelte den Senat wegen der dem Ange= griffenen ertheilten Erlaubniß, sich vertheidigen zu dürfen. Darauf= hin beschloß der Senat, „um endlich einmal Ruhe und Frieden mit den Genfern zu haben," es nicht mehr zu gestatten, daß Castellio etwas zu seiner Rechtfertigung schreibe. Und bei diesem salomonischen Urtheil verblieb es. Aber die geschriebene Ver= theidigung ist noch erhalten zu Amsterdam. [134])

Zur Vervollständigung muß noch angeführt werden, daß sich in den hinterlassenen Werken Castellio's eine Abhandlung über die Verleumdung (tractatus de calumnia) vorfindet, die eben diesem Streit mit den Genfern seine Entstehung verdankt. [135])

Wir finden keine schicklichere Gelegenheit als diese, jenes oben angeführte Manuscript etwas näher zu zergliedern, obwohl wir der Zeit dadurch einigermaßen vorgreifen. „Castalion," meint das journal helvétique, „en est bien l'auteur, quoiqu'il fasse parler un de ses amis." Jene Comödie, welche die hauptsäch= lichste Veranlassung zu demselben lieferte, wurde im Jahr 1561 zu Genf in französischer Sprache gedruckt und aufgeführt vor der Geistlichkeit, den Kirchenhäuptern und den weltlichen Behörden. [136]) Sie bildet den ersten Theil des Manuscripts, an welchen sich, zweitens, Betrachtungen darüber, drittens eine Antwort an Cal= vin und endlich eine solche an Beza schließen. Verfasser, Drucker und Verleger der Comödie ist ein gewisser Conrad Badius, wel= cher in Orleans an der Pest starb. Der Inhalt war in Kürze folgender: Der Papst, im Begriff zu sterben, fleht den Teufel um Hülfe an. Dieser versammelt seine Leute, worunter auch Castellio, der unter dem Beinamen l'Ambitieux figurirt und Monsieur du petit-Château heißt; der Teufel wendet sich nun an diesen und sagt ihm, der Papst sei überzeugt, er, Castellio, werde ihm hel= fen und schicke deßwegen ihn, den Teufel, zu ihm, um ihn zu fragen, ob er gegen Bezahlung Etwas gegen diese calvinisti= schen, bullingerianischen und anderen Hugenotten unternehmen wolle. Worauf l'Ambitieux antwortete: Ja, gegen Bezahlung thue ich Alles, in Prosa und in Versen, davon lebe ich. Dann bin ich zäh und hartnäckig im Diskutiren und hoffe bald an's Ziel zu

kommen, denn man glaubt von mir, ich sei ein Engel, sanft wie
ein Lamm, zugänglich und leutselig. Aber so ist's nicht. Ich
weiß durch schmeichlerische Worte die zu gewinnen, welche mit
mir Umgang haben und leere gern eine Flasche mit meinen
Freunden. Das einzige Hinderniß, daß ich's nicht weiter bringe,
ist, daß ich nicht Papist bin. Indeß, wenn der Papst will, daß
ich das Eisen auf den Amboß setze oder die Feder auf's Papier,
so soll er nur Moneten geben, dann wird er sehen, wie ich diejenigen in die Pfanne hauen werde, welche die Kühnheit haben,
die heilige Messe und den Papst anzugreifen u. s. w. — In diesem
gemeinen Verleumderton geht das Ganze vorwärts. Wir wollen
uns nicht bemühen, Castellio's Vertheidigungsargumente aufzufüh-
ren, sie fielen ihm leicht genug; seine Armuth schon genügte, um
das ganze Lügengerüste niederzuschlagen. Als merkwürdig verdient dagegen (in der Vertheidigung gegen Beza) der erste Grund
des Hasses, welchen Beza gegen Castellio fühlte, hervorgehoben
zu werden, wie er dort angegeben wird. Im Jahr 1550 nämlich, als Castellio in Lausanne sich aufhielt, beschloß er den Beza
zu besuchen und ihm ernstlich abzurathen, fernere Produkte in der
Art des Passavantius und der Zoographia zu schreiben. Da
Beza nie zu sehen war, so erhielt ein Freund den Auftrag, Castellio's Ansicht ihm vorzutragen. Das nahm Beza gewaltig
übel und zeigte sich fortan unversöhnlich. Wir müssen darauf ver-
zichten, Grund oder Ungrund dieser Behauptung darzuthun —
jedenfalls kamen noch andere Motive hinzu, als gewichtigstes wohl
Beza's Freundschaft zu Calvin. Thatsache ist aber seine Unver-
söhnlichkeit, die so weit die Schranken aller Menschlichkeit über-
sprang, daß er dem Gegner Castellio einen Kampf ohne Aufhören
bis zum Lebensende ansagt.[157] Ja, er kämpft selbst noch gegen
den Todten. Diesen Todfeind dürfen wir hier wohl noch etwas näher
in's Auge fassen. Sein Biograph, der zugeben muß, daß ihn
sein Feuereifer nur zu oft über die Grenzen der Mäßigung hinausriß, der ihn heftig, unermüdet, ja grausam nennt, der ihn
als einen Mann schildert, dessen Sphäre der Streit ist und dessen
Beruf für des Herrn Wort mit Schwert und Feuer zu kämpfen — [158]
der gleiche Biograph, der gleichwohl in Rücksicht auf die dama-

ligen Verhältnisse billiger über jene „bittere Polemik" geurtheilt
wissen will, er muß es doch geradeheraus sagen, daß der Streit
mit Castellio sein Leben befleckt habe. Wir wollen zur Bestä=
tigung dieses Urtheils nicht die ganze Fluth von grundlosen An=
schuldigungen und Injurien aus Beza's Schriften hier vorbei=
strömen lassen; [159]) wie sehr aber der Haß ihn verblendete, zeigt
der Umstand, daß er seinem Gegner genau die gleichen Vergehen
verwies, die er auch begangen hat, „daß er nämlich seinen Bü=
chern bald erdichtete, bald auch gar keinen Autorennamen beigebe,
sich bald Bellius, bald Theophilus nenne und durch diese läppi=
schen Handlungen die Menschen zum Irrthum verleite." Beza
selber aber gab sich außer Passavantius (in seiner Schmähschrift
gegen Lisetus) und Nozechius noch sechs andere Namen, gleich
seinem Freunde Calvin. Alles Maaß überschreitet er ferner, wenn
er sich gegen Magistrat und Geistlichkeit von Basel beschwert, daß
sie dem Castellio nicht alle und jede Vertheidigung geradezu
verbieten, während von Genf aus stets wiederholte Angriffe auf
diesen geschleudert werden. Die Einschränkung, die sich der arme
Castellio hinsichtlich einer schriftlichen Abwehr gefallen lassen mußte,
war in der That schon erschwerend genug für ihn: er hätte also,
nach Beza's Ansicht, ruhig und widerstandlos wie ein gefesseltes
Schlachtopfer alle Streiche aufnehmen sollen!! Die Zumuthung
ist empörend, das menschliche Gefühl sträubt sich und schaudert
darob.

Was später noch erfolgte, wie Castellio von ihm auf den
Tod gedrängt und wie dieser Tod von Beza beurtheilt wurde,
wird weiter unten erzählt werden. [160]) Ehe wir dieses traurige
Capitel menschlicher Unverträglichkeit beschließen, wollen wir noch
als ein erquickenderes Gegenstück ein Beispiel von Castellio's edler
Mäßigung daneben stellen. In seiner Vertheidigung der Bibel=
übersetzung gegen Beza (1562), welcher in seinem Angriff den
Castellio einen „Gewissen" genannt hatte, um nicht durch An=
führung des Namens sein Buch zu beflecken, wendet sich Castellio
an ihn mit den Worten: Du bist ein überaus gelehrter Mann,
erfahren in den Sprachen und von einer Beredtsamkeit wie sie in
unsern Zeiten wenige haben, aber die christliche Liebe vermissen

wir an dir. — Und wenn man entgegnet, Castellio habe seine
Zunge vor der Oeffentlichkeit im Zaume halten müssen, so
verweisen wir auf einen Privatbrief von 1558, [161]) den Castellio
an Beza schreibt und worin er ihm mittheilt, er sei bereit, ihm
die Antwort auf Beza's erste Ausstellungen und Anklagen zu
übersenden, damit Beza sie der zweiten vermehrten Auflage beifügen könne; er, Castellio, habe vernommen, Beza wünsche dieß,
und Castellio wolle diesem Wunsch willfahren unter der Bedingung, daß jene Antwort unverändert ohne Zusatz und Auslassung
abgedruckt werde. Er fügt bei: Wenn dir mein Name allein
schon so zuwider ist, so gestatte ich dir, meine Antwort ohne
Beigabe meines Namens zu veröffentlichen und statt Castellio
wiederum „ein Gewisser" zu sagen und auf dem Titel drucken
zu lassen. Hierauf ertheilt er ihm den Rath („wie kein Freund
ihm jemals einen bessern geben werde"), sich der Schmähungen
zu enthalten; das thue er nicht im eigenen Interesse, sondern zum
Frommen Beza's und jener Parthei. „Denn, sagt er, euere
Schmähungen, weit entfernt meiner Sache zu schaden, fördern
dieselbe, und wenn ich euch haßte, so würde ich wünschen, daß
ihr in euerer Schmähsucht verharren möchtet, damit es klar
werde, welches Geistes Waffen ihr gegen mich brauchet. Mein
Rath nützt also deiner Sache. Denn erstens sündigst du durch
dein Schmähen gegen Gott... Dann machst du dir alle beschei-
denen und mäßigen Gemüther abhold. Endlich erregst du gegen
deine eigene Sache den Verdacht, als wolltest du solchen Gründen, welche von Natur sehr schwachfüßig sind, durch Schmähungen nachhelfen. Besser wäre es und würdiger, ohne Haß oder
Bitterkeit zu widersprechen. Denn so würde die Liebe zur Wahrheit offenbar werden. Damit du das thun könnest, so beherrsche
dich und eigne dir eine bessere Gesinnung an. Mit welcher Gesinnung ich dieß schreibe, das weiß Gott und ich, wie wahrhaf-
tig aber und heilsam ich schreibe, wirst du selbst erfahren, wenn
du in deine Seele hinuntersteigst. Ich hasse dich nicht, obwohl
ich in gewissen Dingen anderer Meinung bin, und wünsche gegen
dich, wie gegen alle anderen die Pflicht eines Christen zu erfül-

len. Wetteifere mit mir in der Liebe und du wirst keinen treue=
ren Freund finden. Table in meiner Uebersetzung was du kannst,
es soll mir erwünscht sein, nur laß mich antworten, wo ich
glaube, nicht richtig getadelt worden zu sein."

———

Schriften und Ansichten; philologische Thätigkeit.

Wir haben nun diejenigen Schriften etwas näher zu betrachten, welche Castellio als Proben seines Bibelstudiums und als Vorläufer seines großen Ueberſetzungswerkes veröffentlichte. Sie haben theilweise, nach des Mannes ganzer Richtung, eine stark philologische Färbung, d. h. das ſprachliche Element, die ſichere Beherrſchung der lateiniſchen und griechiſchen Form tritt ſichtbar und als Hauptbeſtreben des Verfaſſers hervor, ſo im Propheten Jonas, in Johannes dem Täufer, theilweiſe auch in ſeinem Moſes, obſchon dieß letztere Werk ſeinen eigentlichen Accent und ſeine Stärke in den oft originellen Anſichten hat, welche Castellio aus dem Vergleich jener Zeiten mit ſeiner eigenen entwickelt und als maßgebend für dieſe aufſtellt.

Die erſte dieſer Schriften der Zeit nach iſt der Jonas und Johannes der Täufer, beide zugleich (1545) erſchienen, jenes ein lateiniſches, dieſes ein griechiſches Epos, beide nach der bibliſchen Ueberlieferung bearbeitet. [162] Der Titel des zweiten zeigt klar den Zweck des Verfaſſers, den wir ſchon in ſeinen Dialogen hervorgehoben haben; er beſagt nämlich, das Leben jenes Mannes ſei in ſo elegante griechiſche Verſe gebracht, daß es für die, welche ihre Kenntniß des Griechiſchen zugleich mit ihrem religiöſen Sinne zu fördern beſtrebt ſeien, keine angenehmere Lectüre geben könne. Der Jonas iſt nun allerdings zu ſehr nach dem bibliſchen Text zugeſchnitten, um für ein Gedicht gelten zu können, aber der Styl iſt durchaus claſſiſch und die den beſten Epikern nachgebildete Sprache iſt noch in ihrer Nachahmung großartig. [162a]

Johannes der Täufer enthält mehr eigene Zugabe; das Gedicht fängt an mit der bibliſchen Erzählung von der Geburt des Kindes und endet mit der Hinrichtung des Mannes.

Schon des Zusammenhangs wegen mußte hier mehr als im vorherbesprochenen Epos, das uur eine Episode besingt, mit dichterischer Erfindung nachgeholfen und ausgefüllt werden. Sobald man den Eingang weggelesen hat, der hie und da durch Häufung von Flickpartikeln, durch häufige Zulassung des Hiatus und des Trochäus an der Stelle des Spondeus auffällt, kommt das Ganze in geregelten und ungestörten Fluß. Jene Erscheinung klärt sich übrigens auf, sobald man entdeckt hat, daß die ersten Verse acrostichisch gebildet sind auf den Namen Sebastianus Castalion. Wie dort im Lateinischen, so zeigt hier im Griechischen Castello seine große Sprachkenntniß, die auch in der Sprachanwendung keine Schwierigkeit mehr kennt.

Das folgende Jahr (1546) brachte, neben anderem, zwei Schriften mosaischen Inhaltes, die eine in pädagogischem Interesse aus Josephus ausgezogen und übersetzt, [162 b]) die andere eine Uebersetzung des Pentateuch mit belehrender Vorrede und Anmerkungen. [163]) Dort finden wir wiederum die pädagogische Grundansicht Castellio's ausgesprochen und durchgeführt, daß der Inhalt der classischen Schriftsteller, eines Lucian und Terenz, viel zu unsittlich sei, um als Lehrstoff dienen zu können, daß demnach die Jugend zuerst in der heiligen Literatur müsse unterrichtet werden und zwar durch classische Uebersetzungen, wie er sie zu liefern bestrebt war. Das, sagt er, sei Manna, jene profane Literatur dagegen ägyptischer Knoblauch und Zwiebeln. Um den Schülern das Verständniß zu erleichtern, setzt er die verwickelte Wortfolge des griechischen Schriftstellers (Josephus) in die der einfachen Logik um, welche er in der französischen und italienischen Sprache mehr zu Hause findet. Alles dieß den Knaben zu Liebe, für die er, wie er sagt, „sich nicht schämen noch weigern würde, sogar ein Steckenpferd zu reiten." [163 a])

Im Moses latinus sehen wir dieselben Grundsätze ausgesprochen, welche bei der spätern Bibelübersetzung durchgeführt sind; auch zeigt sich hier schon die gleiche Gewissenhaftigkeit: „Ich habe, sagt Castellio, die Gewohnheit des Vorlesens bei den Alten hier in Anwendung gebracht und bevor das Werk in Druck gegeben wurde, dasselbe vor zwei Gelehrten gelesen, welche

ihr Urtheil über mein Latein abgeben sollten und auf deren An=
rathen ich nicht wenig verbessert habe. Dann habe ich es zwei
des Hebräischen sehr kundigen Männern zur Vergleichung mit
dem Urtext gegeben." Castellio's nächstes Ziel (nach der Ueber=
setzung), welches er sich durch Herausgabe dieses Werkes gesteckt
hat, ist die Behauptung und deren Beweis, daß Moses in al=
len Künsten und Wissenschaften der Erste sei (liberalium artium
omnium esse principem). Die Schriften des Moses selbst sind
ihm darnach ein Kunstwerk, welches geprüft wird nach den Ge=
setzen der Rhetorik, nach Tropen und Figuren, wie nach den Re=
begattungen, deren alle drei, die historische, die bürgerliche und
die gerichtliche darin vorgefunden und mit den gehörigen Beispie=
len belegt werden. — Auch in der Philosophie ist Moses der Erste,
und die Griechen Prahler, wenn sie sich diesen Ruhm aneignen.
Viele Jahrhunderte bevor bei den Griechen die Künste nur ge=
nannt wurden, hat Moses sie schon gepflegt; die drei großen Ge=
biete der Philosophie, die Physik, die Ethik und die Dialectik
finden sich alle bei Moses vollständig durchgebildet. (Freilich,
welche Dinge zählt er alle zur Physik! jedes dreijährige Kind
kennt sie!) Weil Moses alle menschlichen Gefühle in's Herz ver=
legt, haben auch die Stoiker recht, welche die geistige Herrschaft
(animi principatum) dem Herzen (cordi) zuweisen. Gleichwohl
kommen auch sie mit ihrer „Leidenschaftslosigkeit" (indolentia)
übel weg, da auch Moses, ja Gott selber in Zorn gerathe. Ja
selbst die subtile Frage über das höchste Gut hat Moses entschie=
den — natürlich ist es das „andere" Leben. Auch in der
Medizin war Moses wohl bewandert; als Beleg dafür dient
die Art und Weise, wie er den Abraham die Engel bewirthen
läßt: Er wascht ihnen die Füße und läßt sie ausruhen —
schon dieß mildert beides die Müdigkeit — und merke wohl,
unter einem Baum, was den Schwitzenden sehr zuträglich war,
sintemal Gegensätze durch Gegensätze (contraria contrariis)
geheilt werden. — Ferner versteht sich Moses auf Arithmetik und
Musik, ja die pythagoreische Einzahl und Zweizahl, die Gerade
und Ungerade, jene die Harmonie, diese die Entzweiung vorstel=
lend, sind ihm schon bekannt. Und nun vollends die Jurispru=

denz und die Gesetze! Wenn wir diese Gesetze jetzt noch befolgten,
so würden wir nicht menschlichen Erfindungen, um nicht zu sagen, Willkürlichkeiten, einen größeren Werth beimessen, als den
Aussprüchen Gottes, und die Staaten würden viel besser und gerechter regiert werden. Wir Schweizer dürfen uns besonders
gratuliren, daß Moses Republikaner war. — Nach allem dem sollten die Menschen endlich aufhören, die Palme des Geistes dem
Homer zuzusprechen, der allerdings ein großer Dichter ist, unserem Propheten aber so weit nachsteht, als Irdisches dem Himmlischen, Menschliches Göttlichem, eine Spanne Zeit dem Ewigen.
Denn wenn selbst diejenigen Gegenstände, welche Homer erdichtet
(mentitur) und eigens zu dichterischem Zweck behandelt — alle
die Künste also, welche Plutarch ihm zuschreibt — wenn selbst
diese bei Moses, der einen ganz andern Zweck verfolgt und wahre
Zustände schildert (vera narrante), in solcher Vorzüglichkeit erscheinen, daß seine fünf Bücher jene zweimal vierundzwanzig weit
übertreffen — wie groß muß er erst da sein, wo er in seiner
eigentlichen und vorgesetzten Sphäre sich bewegt — in den Gesetzen nämlich, in der Religion und der Frömmigkeit, in der
Staatseinrichtung und der Prophezeihung? Homer tritt ein ein-
ziges Mal als Prophet auf in Bezug auf Aeneas [103 b]) und sogar diese einzelne Weissagung hat er der Sibylle entlehnt!

Moses Gesetz ist durchaus gut und je besser nach dem Urtheil der Sachverständigen irgend eine Gesetzgebung ist, um so
mehr stimmt sie mit der mosaischen überein. Sein Gesetz muß
also bleiben bis auf das, was in Christus seinen Schluß erreicht
hat (desinunt), wie die heiligen Gebräuche und anderes, was
nur dem Volke der Juden gegeben wurde, z. B. die Vorschriften
der Beschneidung und des Blutessens. Auch die Reihenfolge der
mosaischen Gesetze muß aufrecht erhalten werden, denn sie ist die
logische; auch das Maaß der Strafe für die verschiedenen Verbrechen muß jetzt noch gelten und darf durchaus nicht nach Willkür
verändert werden. Hiemit hat Castellio einen schlüpfrigen Boden
betreten und spricht dieses Bewußtsein offen aus mit dem Bei-
satze, daß sein Character von jeher ein solcher gewesen sei, der
lieber durch Wahrheit Haß als durch Fügsamkeit Wohlwollen

hervorrufen wolle. [164]) In drei Punkten vornehmlich, findet er, werde in der heutigen Gesetzgebung vom Rechten abgewichen, 1) in der zu leichten Bestrafung des Ehebruchs, 2) in der zu strengen Bestrafung des Diebstahls und 3) darin, daß die Leichname der Hingerichteten den Thieren zum Fraß überlassen werden. Nach dem Gesetz sollten die Ehebrecher den Tod erleiden (capite plecti), statt dessen lacht man über einen solchen und er wandert für drei Tage auf Wasser und Brot ins Gefängniß; der Dieb dagegen, der nach dem Gesetze mit dem Vierfachen des gestohlenen Werthes sollte gebüßt werden, wird gehängt und sein Leib den Thieren zur Beute gelassen. Die grausame Bestimmung, daß wer für den Werth von fünf Solidi stiehlt, mit dem Tode büßen muß, rührt von Kaiser Friedrich her — darum Schmach über diese Verordnung! Weh über Friedrich! Da haben denn doch die Römer, die Vorfahren des Kaisers, das Richtigere getroffen. Aber, pflegt man einzuwenden, andere Zeiten, andere Sitten! — Unrecht bleibt Unrecht! antwortet darauf Castellio, und auf den anderen Einwand, bei gelinderer Bestrafung würde die Diebszunft sich vergrößern, entgegnet er, wenn das Verbrechen häufiger sei, so sei es deßwegen nicht größer (gravius). Das Fieber sei deswegen auch nicht stärker, wenn es Viele als wenn es nur Wenige haben. Hierin liege also kein Grund zur Strenge. Zudem aber, meint er, sei jene Behauptung unrichtig. Die Diebe möchten denn doch kirre werden, wenn sie das Vierfache erstatten oder in's Arbeitshaus (ergastulum) wandern müßten. Wo aber keine solchen Anstalten sind, da müßte der Fall eintreten, daß ein Mensch an diejenigen verkauft würde, welche solchen Handel treiben. Es ist besser, er diene, als daß Raben sein Fleisch fressen! Castellio stellt diese Behauptungen nicht auf als ein Freund der Diebe, denn sie sind schlechte Leute und er selbst hat speciell viel von ihnen zu leiden, „denn ich sehe, sagt er, wie viel weniger Mehl ich oft aus der Mühle zurückerhalte, als diese Korn von mir erhielt und wie die Masse Brotes hinwiederum viel zu gering ist, welche ich für mein geliefertes Mehl aus der Bäckerei zurück bekomme." [165]) Weil man es nicht für christlich hielt, die Menschen zu verkaufen, tödtete man sie —

das ist aber eine sonderbare Consequenz! — Woher kommt nun aber die mildere Behandlung der Hurer und Ehebrecher? frägt sich Castellio. Antwort: Weil die Priester nicht gegen sich selbst wüthen wollten. Sie selber trieben es am ärgsten, weil die Ehe ihnen verboten war. [166]) Was endlich den dritten der oben angeführten Punkte betrifft, so bekämpft er ihn hauptsächlich im Gefühl der menschlichen Würde und Erhabenheit über das Thier; diese mache ihn zum Herrn der Thierwelt und als solcher dürfe er nicht von den Thieren als Leichnam zerfleischt werden. Gottes Gesetz verbiete es auch. Castellio schließt, indem er nochmals das Gesetz Mosis (unter den erwähnten Beschränkungen des Ceremoniellen u. s. w.) als alleinige Norm für alle Republiken aufstellt.

Als characteristisch für Castellio, besonders als Argument gegen Verketzerungen, die ihn als Wiedertäufer brandmarken wollten, verdient auch seine hier aufgestellte Ansicht vom Eid angeführt zu werden. Durch einen heiligen Schwur, meint er, werde Gott ebensowenig beleidigt, als ein rechtlicher Mann, wenn ein Zeuge citirt werde. Dagegen spricht er sich sehr energisch gegen das unstatthafte Fluchen und für eine Bestrafung dieser Unsitte durch die Obrigkeit aus. Denn gerade in Folge der ihr bis jetzt gewordenen Straflosigkeit breite sie sich immer weiter aus. [166 a])

Das gleiche Jahr (1546) brachte auch eine metrische Uebersetzung (Metaphrase) der sogenannten Sibyllinischen Orakel mit Anmerkungen begleitet. [167]) Diese mehr philologisch scheinende Arbeit entsprang gleichwohl einem rein christlichen Grundsatz, dem nämlich, daß alle Weissagung ihren Bezug auf Christus habe (omnia vaticinia ad Christum debere referri). Die sogenannten Sibyllinischen Orakel — ein bunt zusammengetragenes Gemisch der verschiedensten Weissagungen und Orakelsprüche aus classischer und christlicher, älterer und neuerer Zeit, von ächtem wie von gefälschtem Charakter — [168]) sie sind dem Castellio und seinem Zeitalter durchaus ächt und vorchristlich, und der Umstand, daß sie oft gar so deutlich, für die heutige Kritik eben zu deutlich, auf Christus hinweisen, wird von ihm daraus erklärt, daß Gott eben zu den Heiden, denen sie ja galten, um so klarer und unzweideutiger habe sprechen müssen, als diese keinen Moses und sonstige Lehrer gehabt hätten, welche ihnen gleichsam hätten auf dem Weg zu Christus vorleuchten können. Gott selber ist also der erlauchte Autor dieser Sibyllen und diese sind keine anderen, als die zu Rom zur Zeit des ältern Tarquinius angekauften und aufbewahrten. Unter dem Orakel, welches Cicero im zweiten Buch de divinatione bespricht, [169]) das acrostichisch abgefaßt war und von einem zu ernennenden König handelte, versteht Castellio dasjenige, welches acrostichisch, d. h. durch Zusammenstellung je des ersten Buchstabens jedes Verses die Worte Jesus Christus dei filius servator gibt. Natürlich geht auch die vierte Ekloge Virgil's auf Christus, ohne daß der Dichter selbst es ahnt. [170]) Kumäische, erythräische und persische Sibylle ist ihm ein und dieselbe. Das lange Leben derselben — sie war ja Noah's Schnur — ist schuld, daß man mehrere Sibyllen annahm. Für diese überschwänglich christlichen Ansichten darf indeß weniger Castellio als seine ganze Zeit verantwortlich gemacht oder belastet werden. Die Uebersetzung ist in einem wahrhaft classischen Latein gehalten und enthält äußerst wenige metrische Härten. [171])

In der bei Oporin erschienenen Sammlung von alten und neuen Bucolikern (1546), findet sich auch ein Gedicht von Castellio mit dem Titel Ecloga de nativitate Christi. Auch dieses also biblischem Boden entstammt. Es ist ein von zwei Hirten, Sirillus und Damon, geführtes Gespräch, worin jener (der auch wohl als Titel dem Gedichte vorgesetzt wird) seinem Kameraden als Augenzeuge die wunderbaren Begebenheiten auf dem Feld erzählt, welche in jener Nacht, wo Christus geboren wurde, sich zutrugen. Damon nämlich hatte unglücklicherweise geschlafen und war daneben gekommen. — Im folgenden Jahr (1547) erschien dann der Psalter und die übrigen Lieder und Gebete der heiligen Schriften, welche nicht zu verwechseln sind mit den im Jahr 1551 erschienenen vierzig metrischen Oden auf Davidische Psalmen nebst zwei Oden, welche dem Moses in den Mund gelegt werden, die eine den Abfall der Israeliten beklagend, die andere ein Dankgebet für den glücklichen Durchgang durchs rothe Meer. [172])

Wir betrachten bei dieser Gelegenheit noch vollends Castellio's übrige Schriften theologischen Characters, welche hin und wieder irrthümlich beurtheilt oder falsch citirt werden. Im Jahr 1557 erschien in Basel unter dem pseudonymen Namen eines Johannes Theophilus ein Buch „theologia germanica" ins Lateinische über= setzt, wie es auf dem Titel heißt, aus dem deutschen Original eines Mitglieds des deutschen Ritterordens. Ein goldenes Buch wird es eben da genannt, welches zeige, wie man den alten Menschen ausziehen und den neuen anziehen solle. Dasselbe Buch erschien nun auch in französischer Uebersetzung als traité du vieil et du nouvel homme.[173]) Daß Castellio der Uebersetzer ist, darf nicht mehr bezweifelt werden; schon Trechsel (in den Antitrinita= riern) führt an, daß sich ein Danksagungsschreiben an Castellio wegen Uebersendung des Buches auf der Berner Bibliothek vor= finde. In einem Briefe ferner[174]) an seinen Freund ZerKinden in Bern, worin Castellio über den Mangel an innerer Einkehr und Erkenntniß unter den Menschen klagt und die Nothwendigkeit betont, neue Creaturen, neue Menschen zu werden, fügt er bei, daß er das verlangte Buch schicke, aber das deutsche Original, „denn meine Uebersetzung ist noch nicht gedruckt, wird indeß in Bälde gedruckt werden und du als Deutscher wirst viel= leicht ein deutsch geschriebenes Buch mit mehr Nutzen lesen. Das Buch ist zwar dunkel, aber mit großem Schwung geschrieben und muß öfter gelesen werden. Hier kannst du finden, auf welche Weise ein Mensch lebend sterben kann, welches die wahre Vorbe= reitung zum Tode ist." — Sein Freund „Zerchintes" ist dagegen über den Werth dieses Buches, für dessen Autor ein Custos Fran= cofurdensis ausgegeben werde, nicht einverstanden, er hat eine Menge von Ausstellungen zu machen. Erstens sei es neueren Ur= sprungs und keineswegs das Produkt eines Frankfurter Priesters (sacrificuli), wie der moderne Styl und die von jenen Zeiten sehr verschiedene Anschauungsweise genugsam beweise; ferner sei die Luthern zugeschriebene Vorrede erdichtet (pseudolutherana), ZerKinden wünscht, die Uebersetzung möchte nicht unter Castellio's Namen erscheinen, denn es könnte ihm dieß nur schaden; der Nutzen des Buches sei von Anfang bis zu Ende äußerst gering und es verlohne sich wahrlich nicht der Mühe, um solcher wohl=

feilen Werke willen seinen Namen öffentlicher Anfeindung auszusetzen, Castellio's Ruhm und Gelehrsamkeit sei eines bessern Prei-
ses werth. — Castellio schreibt zurück, daß auch ihm manches dunkel bleibe, übrigens sei die Vorrede wirklich von Luther, wie
dessen intimste Freunde zugäben. Das Buch sei schon fünfmal
gedruckt worden, einmal auch in Basel 1523 bei Adam Petri. [175])
Dann habe das Buch keinen modernen Ursprung, sondern sei
seiner Richtung nach ganz ähnlich der Tauler'schen Theologie, wie
er sich selbst durch Vergleichung überzeugt habe; auch werde Tauler darin citirt. [176]) Uebrigens erklärt Castellio seinem Freunde,
daß er seinen Rath befolgen und seinen Namen nicht auf den
Titel setzen werde. — Fragen wir, was den Zerkinden veranlaßt
haben mochte, so geringschätzig über das Buch zu urtheilen, so
war vielleicht der mystische Zug, der dasselbe auszeichnet, ihm un-
behaglich. Dieser ist nun allerdings hie und da sehr stark aus-
geprägt, so daß sich manche sonst gut organisirte Christenseele
daran stoßen kann. Zerkinden fand z. B. die darin ausgespro-
chene Forderung stark, „der Mensch müsse zu einem solchen Grade
von Vollkommenheit und Frömmigkeit gelangen, daß es ihm, sofern darin nur der Wille Gottes erfüllt werde, einerlei sei, in
die Hölle verdammt oder in den Himmel aufgenommen zu werden." Aber gerade Castellio kam, wie Trechsel richtig bemerkt,
durch einen verwandten Zug und Hang seines Innern mehr und
mehr in diese gefühlsschwärmerische mystische Richtung hinein, wie
sich noch aus anderen Aeußerungen beweisen läßt. Wir kommen
weiter unten darauf zurück, nur bemerken wir, daß nun auch die
Publikation, die wir noch im Gebiete seiner theologischen Thätigkeit zu erwähnen haben, durchaus jenen Charakter trägt. Es
ist dieß der im Jahre seines Todes erschienene Thomas a Kempis
„über die Nachfolge Christi", dessen schlechtes und bar-
barisches Latein er zum Frommen der Leser in schönes und clas-
sisches umsetzte. [177])

Castellio's eigentlich philologische Thätigkeit beschränkte sich
auf griechische Schriftsteller, gemäß seiner Wirksamkeit als öffentlichen Lehrers. Zunächst war es Xenophon, den er seinen Zuhörern, wahrscheinlich neben Homer, erklärte. Die Herausgabe die-

ses Schriftstellers fällt zwischen 1545 und 1550 und lieferte nach dem Titel einen von zahlreichen Fehlern gereinigten Text, wobei indeß ungewiß ist, ob die Correcturen dem Scharfsinn des Herausgebers, Castellio, oder der Hülfe besserer Handschriften zu verdanken sind. Die damalige Zeit pflegte diese beiden Fragen noch nicht so genau auseinander zu halten, wie unser critischeres Jahrhundert dieß mit Recht thut und verlangt. Später, im Jahr 1555, betheiligte sich Castellio auch als Uebersetzer an der Brylinger'schen Ausgabe des Xenophon, wo ihm die Schrift „de Atheniensium republica" zufiel. [179]) Der Zeit nach folgt Diodor, von dessen fünfzehn Büchern Castellio einige zuerst übersetzte; auch hat er neue von ihm aufgefundene Fragmente (aus dem 31., 32., 37. Buch) beigefügt und theilweise übersetzt. Die übrigen Bücher sind nach vorhandenen Uebersetzungen in verbesserter Gestalt herausgegeben. [180])

In demselben Jahre (1559) erschien auch von ihm Herodot, zunächst nach der Uebersetzung des Laurentius Valla und des Conrad Heresbach. Auf Ersuchen Heinrich Petri's, sagt Castellio, habe er das Ganze einer Revision unterworfen und nicht nur eine große Menge Druckfehler in der Uebersetzung Valla's corrigirt, sondern zahllose Fehler des Uebersetzers selber und zwar gerade an den schwierigsten Stellen (weil hier die Uebersetzer am leichtesten zu straucheln pflegen) nach dem Sinne und Geiste des Originals verbessert. [181]) Nicht wenig hat ihm auch Homer zu verdanken. [182]) Castellio sagt in der Vorrede, daß er auf Bitten des Oporin die Ausgabe unternommen habe, zu der er übrigens durch seine Professur, welche ihm Vorlesungen über diesen Schriftsteller zur Pflicht machte, wohl vorbereitet war. Die Ilias berücksichtigte er weniger, dagegen verbesserte er die Odyssee an unzähligen Stellen, wie er sagt. Die Ausgabe war eine griechisch-lateinische. Der fromme Mann hielt es beinah für sündhaft, seine Bemühung den Profanschriftstellern zuzuwenden — ein Zug, welcher sich von Jahr zu Jahr mit dem Fortschritt des oben angedeuteten mystischen Elementes und einer gewissen christlichen Gefühlsseligkeit entwickelt zu haben scheint. Nichtsdestoweniger rühmt Heyne die „Sorgfalt" der Uebersetzung. [183]) Wäre Castellio nicht theilweise durch theologische Streitigkeiten, theilweise auch durch eine mehr und mehr erstarkende und bestimmter hervortretende religiöse Richtung von der Beschäftigung mit der Philologie vielfach abgezogen worden, so ist kein Zweifel, daß Basel in diesem Zweige der Gelehrsamkeit keinen zweiten ebenbürtigen Mann aufzuweisen hätte. [181]) Auch sein Ruhm als Gelehrter wäre unbestrittener, sein Verdruß, seine Noth und Drangsal um ein Bedeutendes kleiner, seine äußeren Verhältnisse günstiger, ja, sein Leben wahrscheinlich länger geworden. Wir müssen uns nach diesem auch wieder etwas umsehen.

Familienverhältniſſe und Freunde.

Wir haben Caſtellio mit ſeiner Frau aus Genf nach Baſel
kommen ſehen. Im Januar des Jahres 1549 ſtarb dieſelbe, wie
er einem Freunde klagt, [185]) ſowie ihn denn in dieſem Jahre das
Unglück fleißig heimſuchte. Im folgenden Monat traf ihn ein un=
verſchuldeter Schlag, welchen er einem Briefe nicht anvertrauen
will; im März fiel ſeine Tochter Suſanna in eine ſo ſchwere
Krankheit, daß ſie alle Haare verlor; im Mai ſtarb ſeine
jüngere Tochter Deborah und bald darauf erkrankte das Söhn=
lein, an deſſen Geburt die Mutter geſtorben war, auf den Tod,
genas jedoch wieder. Im Juni heirathete Caſtellio abermals und
hoffte auf beſſeres Glück. Schon in dieſem Jahr hatte er ſeine
lateiniſche Bibelüberſetzung vollendet, aber der ſchlimmen Zeiten
wegen wollte Oporinus noch nicht beginnen — „oder wegen der
Schulden“, fügt Caſtellio bei. Vier Jahre ſpäter ſchreibt er einem
anderen gelehrten Freund, die Zeiten ſeien zwar ſchlecht, Fröm=
migkeit und Liebe ſeien kälter geworden als ein hyperboreiſcher
Winter; ſeine dermaligen Privatumſtände ſeien dagegen gut. Er
ruhe jetzt ein wenig aus, nachdem er die franzöſiſche Bibelüber=
ſetzung beendigt habe. Einmal war er nahe daran, Baſel mit
einem anderen Wohnſitz zu vertauſchen. Im Jahr 1562 nämlich,
nach vielen Verhandlungen, nach Verläumbungen und Empfeh=
lungen mannigfacher Art, wird Caſtellio durch Vermittlung ſeines
Freundes ZerKinden vom Rath zu Bern nach Lauſanne berufen,
um die in Verfall gerathene Schule wieder zu heben. ZerKinden
und der Zunftmeiſter Manuel hatten gut für ihn geſprochen und
als Gegenleiſtung ſollte Caſtellio verſprechen, die vorhergegangenen
Streitigkeiten (mit den Genfern) zu vergeſſen oder wenigſtens
alte Geſchichten nicht wieder aufzurühren, allen Widerſpruchsgeiſt
abzulegen und den öffentlichen Frieden nicht zu ſtören. Ferner

sollte Castellio, so rieth ihm wenigstens sein Freund, nach Bern kommen und durch gemäßigtes Auftreten und versöhnliche Schritte gegenüber der Geistlichkeit seine friedliebende Gesinnung kund geben. Die Berufung scheint auf bedeutende Opposition gestoßen zu sein, besonders in Folge des über ihn ausgestreuten Gerüchtes, daß er einer schändlichen Secte der Wiedertäufer angehöre, deren Hauptsitz Lugdunum sei. Castellio, hieß es weiter, sei selber im Geheimen dort gewesen und habe sein Gift ausgespritzt. [186]) Bullinger in Zürich wehrte sich, wie er selbst sagt, mit Händen und Füßen gegen die Berufung, und als ihm ein halbes Jahr später Haller schrieb, daß Castellio in Bern angekommen sei und viel Begünstigung finde, so rieth jener, man solle ihm ein Glaubensbekenntniß über Trinität, Prädestination und freien Willen abnehmen. Es half nichts; die Stelle wurde Castellio angetragen. Es war eine Pensionsschule, welcher er vorzustehen hatte als Hausvater und Lehrer. ZerKinden hatte darum auch Werth darauf gesetzt, daß auch die Frau in ihrer Sphäre tüchtig sei, daß sie Arbeitsamkeit mit Geschicklichkeit im Hauswesen verbinde, damit man nicht etwa Klagen über Knickerei vernehmen müsse, denn die Zöglinge, meistentheils deutsche, müßten copios, wenn nicht mit ausgesuchter Kost ernährt werden. Dieß alles, schreibt ihm ZerKinden, möge Castellio wohl bedenken, ehe er den Ort wechsle. Das Anerbieten war verhältnißmäßig sehr günstig: Jährlich 200 Gulden und 2 Faß Wein nebst 2 Säcken Mehl; überdieß freie Wohnung und Garten, dazu ein Antheil am Schulgeld, welches die Zöglinge (mit Ausnahme der Stadtbürger) dreimonatlich zu entrichten hatten. Auch standen Kostgänger in Aussicht. Castellio, der früher seine Besorgniß ausgesprochen hatte, aus einem ruhigen Ort weg sich wieder in die Nähe des Kriegslärms zu begeben, ging nun gleichwohl nach Bern, um persönlich Erkundigungen einzuziehen und Eindrücke zu empfangen. Das Ende war, daß er den Ruf nicht annahm. Wahrscheinlich suchten die Basler ihn durch Verbesserung seiner Lage sich zu erhalten; wenigstens schreibt ihm bald darauf sein Freund, daß er Gottes väterliche Fürsorge in der Wendung der Dinge erkenne, denn sie habe bewirkt, daß sich nun Castellio

ebenso behaglich in Basel fühlen könne als in Lausanne, und die
Wohlthaten, welche sie ihm hier würde erwiesen haben, habe sie
dorthin verlegt, wo er nun unter geringerer Anfeindung und mehr
Sicherheit seine Tage zubringen könne. Welcherlei Art und wie
bedeutend waren nun die gebotenen Emolumente? Wir wissen
es nicht, doch spricht alle Wahrscheinlichkeit für eine Erhöhung
des Einkommens unter irgend einem Titel. Es stellt sich hier
ungesucht die Frage nach der bürgerlichen Stellung Castellio's
ein. War er Bürger von Basel? Nein, erst seine Kinder wurden ins Bürgerrecht aufgenommen und zwar von der Regenz unter heftigem Widerstand des Schultheißen (praetor urbanus) und
„obschon der Vater," wie ausdrücklich beigefügt wird, „weder Bürger gewesen war noch eine Zunft angenommen hatte." [187]) Schon
vorher hatte der Rath sich gegen Rector und Regenz beschwert,
daß diese „etliche, so als gelehrte Personen geacht, dero auch ettliche sich inn ehlichen Standt begeben und von frömbden Lann-
den herkommen sich bei Herrn Rectoren anzeigen und begerrn,
angenommen und jntitulirt zu werden, ohne Vorwissen und Zulaßen
Eines Ehrsamen Rhates, jntitulirt und angenommen haben." [188])
Hier scheint vorzugsweise Castellio gemeint zu sein. Die Antwort
der Regenz lautete übrigens kurz: Was diesen Punkt betreffe,
laßen die Herrn Rector und Regenten es bei demselben bleiben.
Dieser Oberhoheitsstreit zwischen Civil- und Universitätsbehörde
kam bei verschiedenen Anläßen wiederholt zum Vorschein und immer machte die Universität ihre Rechte wieder geltend, besonders
gegenüber einem Rathsbeschluß vom Jahr 1556, [189]) wonach es
derselben nicht gestattet war, bei Ableben ihrer Angehörigen die
Vermögensinventur (descriptio bonorum) aufzunehmen. Der
Streit wurde wieder aufgefrischt bei Anlaß von Castellio's Ableben. Als nämlich, heißt es in dem Aktenstücke, [190]) nach dem
Tode Castellio's der Schultheiß und die Amtleute (praetor et
officiales) die von dem Verstorbenen auf seine hier wohnende
Wittwe und Kinder übergegangene Erbschaft zu Inventarium aufnehmen und von den einzelnen Haupttheilen (capitibus) fünfzehn
Solidi erheben wollten, unter dem Titel, daß Castellio nicht na-
mentlich in die Bürgerliste eingetragen sei, beklagte sich der

derzeitige Prorektor, Ulrich Coccius, sammt Beiständen vor dem
Rath und suchte zu beweisen, daß gegen die Wittwen ausländi=
scher (exterorum) Professoren und Geistlicher (von denen doch
viele hier gestorben seien) niemals ein ähnliches Vorgehen ver=
sucht worden sei und daß dasselbe der Schule wie der Stadt zur
Unehre gereichen würde. Worauf beschlossen ward, die Klage sei
gerecht und der Schultheiß und seine Leute sollten in Zukunft die
Universitätsangehörigen in Ruhe lassen (ne Academicos in posterum turbarent). [191] — Der Lebende war nicht ohne Freunde
und Beschützer, wenn auch Manchen Menschenfurcht und die
Scheu, mit seinen mächtigen Gegnern in Collision zu gerathen,
von engerem Umgange mit ihm abhalten mochte. Daß keine An=
zeichen eines intimeren Verhältnisses zwischen ihm und Curio vor=
liegen, darf befremden; denn beide waren unter ähnlichen Um=
ständen nach Basel gekommen, beide waren in gewissen Haupt=
punkten des Glaubens im Bunde gegen die Genfer, beide gehör=
ten dem romanischen Volksstamme an und waren nicht nur an der
Universität, sondern auch in anderweitiger Beschäftigung Collegen
(als Correctoren). Wohl findet sich von Castellio ein Brief an
jenen, ein Begleitschreiben zur Ueberreichung zweier Werkchen, in
welchem Curio auf sehr schmeichelhafte Weise als critische Auto=
rität hingestellt und um Berichtigung etwaiger Stilfehler ersucht
wird — aber wie wenig ist dieß im Vergleich zu dem, was man
erwartet, und selbst dieß wenige, wie schrumpft es in dem Ge=
wande der Höflichkeits= und Etiquetteformel zusammen. [192]
Gut befreundet muß Castellio mit Amerbach, Vater und Sohn,
gewesen sein; dieser, Basilius, war in seinem Hause als Zögling
und Pensionär, und ein Beweis, wie hoch der Vater des Lehrers
Einfluß schätzte, ist der, daß er ihn ersuchte, seinem in fremden
Landen weilenden Sohn einen Brief zu schreiben, welcher gute
Lehren und Ermahnungen enthalten sollte. Dieß Schreiben ist
jetzt noch erhalten. Ein ähnliches Verhältniß bestand zwischen
Castellio und Felix Plater. Auch diesem schrieb er auf die Bit=
ten des Vaters mehrere Briefe nach der Universität, um ihn zur
Frömmigkeit (pietas) zu ermahnen. Er spricht darin von Tho=
mas Plater als seinem vertrauten Freund, der sich sehr um ihn

verdient gemacht habe. [192]) Einer der engern Landsleute Castellio's war Nicolaus Episcopius; aus derselben Landschaft, der Bresse, gebürtig, starb er mit ihm im gleichen Jahre (1563). Welches Verhältniß indeß zwischen beiden bestand, wissen wir nicht. Unter seinen Schülern hatte Castellio solche, welche jede Verdächtigung der Person des Lehrers sogleich mit dem Schwert zu ahnden bereit waren. Einer derselben (ein Petrus de Vilate) schreibt ihm, in Heidelberg, wo er der griechischen Sprache habe obliegen wollen, könne er wegen Mangels an Docenten seinen Plan nicht ausführen. Hier habe er in Gesellschaft über Prädestination, wie Castellio ihn darüber belehrt habe, sich vernehmen lassen; kaum habe er jedoch den Mund geöffnet, als man ihn sofort einen Castellionisten geheißen habe. Erst wollte er mit dem Schwert dreinfahren, sah aber bald, daß hier mit anderen Waffen zu kämpfen sei und bekehrte einige zu seinen Ansichten. Es sei Schade, daß der Briefsteller nicht zugegen gewesen sei, als kürzlich Farel in Gesellschaft von Beza zu Heidelberg den Castellio einen mauvais garçon genannt habe. Diesen, meint er, würde er ihre Schmähungen eingetränkt haben (profecto iis clavos ut ajunt retudissem). [193]) Einer der treusten Freunde unseres Castellio war nach Allem zu urtheilen, der schon öfter genannte **Nikolaus Zerchintes** (Zerkinden), erst Stadtschreiber in Bern, [194]) später Präfect in Nyon, ein Rechtsgelehrter, der aber den theologischen und religiösen Strömungen seiner Zeit durchaus nicht fern stand. Er stimmte in den Hauptpunkten, um welche der damalige Streit sich drehte, mit Castellio überein; er hatte den Muth, den Calvin wegen seines Benehmens im Prozesse Servet ernstlich zu Rede zu stellen und ihm seine völlig abweichende Ansicht offen darzulegen. [195]) Er schrieb ein Buch über die Toleranz (de tolerantia malorum) und über Amnestie (wahrscheinlich in religiösen Dingen); er spricht sich nur im Fall der äußersten Noth für Anwendung der Tortur aus. [109]) Neben den Gefühlen der Ehrfurcht und Dankbarkeit, welche er für Castellio hegt, bewahrt er sich doch Selbständigkeit seiner Ansichten und Ueberzeugungen; er räth dem Freunde ab, sich allzutief ins Gewühl des Kampfes zu stürzen und führt ihm als Beispiel einer

klingen Zurückhaltung den Coelius Curio vor, bietet ihm übrigens
seinen Schutz und ein Asyl an, wenn Castellio jemals dem Wahn
und der Leidenschaftlichkeit seiner Gegner weichen müßte. Er be-
sucht den Freund in Basel, um vom Drang der Geschäfte sich
in seinem Umgang zu erholen, und übergibt ihm sogar zwei Knaben zur Erziehung. Castellio seinerseits theilt dem Freund ver-
trauensvoll seine innern und äußern Erlebnisse mit und hört auf
den guten Rath desselben. Er wünscht ihm Glück zu seiner Erkenntniß des Bessern und „seiner Einkehr vom leeren Prunk der
Welt zu dem ernsteren und strengeren Leben Christi." [197])

Verhängnißvoll für Castellio ist seine Freundschaft mit Bern-
hard Ochino geworden. Dieser, der ausgezeichnetste Kanzelredner
Italiens, hatte der Religion wegen aus Siena flüchten müssen [198])
und war im Jahr 1543 zu Genf zur protestantischen Kirche über-
getreten. [199]) Seine — wenigstens literarische — Bekanntschaft
mit Castellio datirte jedoch schon von früher her, denn schon im
vorhergehenden Jahre war in Augsburg ein von ihm verfaßtes,
von Castellio übersetztes Buch herausgekommen. [200]) Er hielt sich
auf seinen Reisen öfter längere Zeit in Basel und Zürich auf —
1545 bei Castellio — bis er im Jahr 1555 als Prediger der
Gemeinde Locarno nach der zweitgenannten Stadt berufen wurde.
Da er selber des Lateinischen nicht hinlänglich mächtig war,
so übersetzte ihm sein Freund die meisten seiner italienisch geschriebenen Werke in jene Sprache. So erschien denn auch im Jahr 1563,
gegen Ende desselben, ein lateinisches Buch von Ochino, Dialogi
betitelt, das seines gewagten Inhalts wegen sofort gewaltiges
Aufsehen machte und Verfasser, Uebersetzer wie Drucker, in schlimme
Händel verwickelte. Uebersetzer war wiederum Castellio, Drucker
Peter Perna, ein in Basel ansäßiger Italiener, welcher durch
seine Frau mit Mitgliedern der Locarner Gemeinde verwandt
war. [201]) Zunächst wurde ihm der Verkauf des neuen Werkes
bis auf weiteres untersagt, dann sogleich der Proceß gemacht.
Vom Druck war früher in Folge des schlauen Benehmens Perna's
nichts bekannt geworden. Die Zürcher ihrerseits, sobald sie von
der Sache erfuhren, verboten dem Ochino den ferneren Aufenthalt
in der Stadt und auch Basel, wohin er sich wandte, weigerte sich ihn

aufzunehmen. Die Zürcher waren aber durch folgenden Vorfall auf die Schrift aufmerksam gemacht worden. Einige ihrer Kaufleute wurden zur Zeit der Herbstmesse an offener Wirthstafel — es war im Ochsen zu Basel — wegen der Rechtgläubigkeit ihrer Vaterstadt hart angegriffen und ihnen vorgeworfen: „von Zürich gingen Secten aus, sie seien schelmisch und ketzerisch." Als sie einmüthig widersprachen und Beweise verlangten, so führte Gregorius Kraft, ein badischer Edelmann und Bürger zu Basel, das letzte Werk Ochino's, die Dialoge, an, und daraus besonders das schamlose Gespräch über Polygamie, und erbot sich die Zürcher in die Druckerei zu führen, wovon das Buch ausgegangen war. — Castellio war weit entfernt, seinen Antheil an dem Werke zu läugnen,[202]) nur wies er jede Schuld an der Ungesetzlichkeit des Vorgangs, sowie jede Solidarität mit dem Inhalt des Buches von sich. In seiner Vertheidigungsschrift sagt er, er habe als Uebersetzer, nicht als Richter und Beurtheiler die Dialoge übertragen, wie schon andere Werke desselben Verfassers, da dieß Geschäft eine Erwerbsquelle für ihn und seine Familie sei, und der Verleger habe ihm dieß Werk zum Uebersetzen gegeben mit der Bemerkung, daß es durch die nach Basler-Verordnung aufgestellte Censur gebilligt worden sei.[203]) Damit war auch wirklich des Uebersetzers Geschäft abgethan und um Weiteres brauchte er sich nicht zu kümmern. Perna, welcher als Verleger den etwas originellen Inhalt des Werkes kennen mußte und von einer Censur Einsprache gegen den Druck befürchten mochte, scheint einen Mittelweg eingeschlagen zu haben. Er gab das Manuscript dem damaligen Rector der Universität zur Einsicht und dieser wiederum dem gültigen Censor Coelius Curio. Beide sahen aber in demselben eine bloße Privatmittheilung — zu welcher Auffassung Perna das Möglichste beizutragen bestrebt sein mochte — und gaben dasselbe uncensirt zurück.[204]) Perna nahm dieß für eine Einwilligung und druckte wacker drauf los. Uns kann in der ganzen Frage Ochino's Charakter ziemlich gleichgültig sein;[205]) eher müssen wir nach den damaligen Druckgesetzen in Basel uns etwas näher umsehen und die Persönlichkeit des Druckers Perna ins Auge fassen. Es durfte kein Buch ohne Erlaubniß des bestellten

Censors gedruckt werden. Die öftere Wiederholung dieser Verordnung [306]) indeß läßt auf eben so häufige Uebertretung schließen,
wie wir denn von Oporin und von Perna mehr als einmal erfahren, daß sie deßwegen gestraft worden seien. [207]) Der oberste
Censor war der Rector magnificus und dieser überwies das ein-
gereichte Werk oder Manuscript demjenigen der jeweiligen Decane,
in dessen Facultät es seinem Inhalt nach gehörte. [208]) Nicht nur
ein Buch ohne vorhergegangene Billigung durch die Censur, sondern auch ohne „gerechte tauff= und Zunammen" zu drucken war
verboten. Die Buchdrucker in Basel waren bei gewissen Leuten
in sehr üblem Ruf, dieß mochte die Behörde zu einer strengen
Handhabung der Censur veranlassen. Beza klagt über keine so
sehr wie über sie und die Lyoner: „Ganze Ladungen der verderb-
lichsten Bücher werden in Basel gedruckt." Zu diesen rechnet er
folgerichtig auch die Dialoge Ochin's, jene „Blasphemien", [209])
und von Perna im Besondern sagt Hottomann, er sei zwar „ein
guter Buchdrucker, aber wegen gottloser und lästerlicher Bücher
(worunter Macchiavell), die in seinem Verlag erschienen seien,
schon oftmals von der Behörde ins Gefängniß geworfen worden". [210]) Wahrscheinlich ist der Prozeß wegen Ochin's Dialogen
für Perna übel abgelaufen; das hinderte ihn aber nicht, lange
nach Castellio's Tode dessen hinterlassene Schriften mit falscher
Angabe des Druckorts und des Verlegers und ohne vorhergegangene
Censur zu drucken, wofür er dann wieder „mit Thurm und
sonst" bestraft wurde [211]); und da er sich gegen den zweiten Punkt
„dadurch vermeint zu schirmen, daß Castellio selig ein Professor
hier gewesen sei, welche ihre Bücher nit zu censiren geben"...
wurde erkannt, daß auch die professores allhier ihre lucubra-
tiones „so sie zum Druck verfertigen wollen, den Censoribus
exhibiren sollen." [312]) Für Castellio konnte keine große Gefahr
in der gegen ihn von Zürich aus erhobenen Klage wegen Uebersetzung jener Dialoge liegen: eine viel größere drohte ihm zu
gleicher Zeit von einer andern Seite; aus einem Buche Beza's,
des Unversöhnlichen, war nämlich eine Klageschrift zusammenge-
schrieben und diese nach Basel an den Rath geschickt worden. Castellio hatte sich dagegen auf Leben und Tod zu vertheidigen, denn

allem Anschein nach lautete der Antrag auf Todesstrafe. — Da machte sein eigner Tod dem Prozeß ein unerwartetes Ende. Am 24. November hatte er auf beide Anklagen seine schriftliche Vertheidigung dem Rathe eingereicht, eine andere, welche sein Verhalten zur paulinischen Lehre und dem Dogma der Prädestination darlegt, unterm 4. December in deutscher Sprache der Geistlichkeit; am 18. December schreibt Wißenburg nach Zürich, Castellio liege noch am Fieber krank, nach seiner Genesung werde er wegen beider Punkte zur Verantwortung gezogen werden, am 29. desselben Monats starb Castellio.

Anklage und Vertheidigung; Tod und Grab; Hinterlassenschaft.

Zum Ueberfluß war auch von Straßburg um dieselbe Zeit eine Klagschrift gegen Castellio eingelaufen von **Dr. Adam Boden-stein**, dem Sohn des berühmten Carlstadius.[213]) Die Persön-lichkeit des Urhebers indessen, eines prahlerischen Mediziners[214]) im Stil des Theophrastus Bombastus, scheint bewirkt zu haben, daß man seiner Schrift keine Wichtigkeit beilegte.[215]) Jene erst-genannte Klageschrift überflutete den Castellio mit allen denjeni-gen Vorwürfen, welche nur immer gegen einen Christen dama-liger Zeit erhoben werden konnten; sie enthielt eine wahre Mustersammlung verbrecherischer, ihm angedichteter Züge und Eigenschaften. Er sei ein Libertiner, ein Pelagianer, welcher nicht an Gottes Gnade und die Erbsünde glaube; er sei der Beschützer aller gewaltthätigen, ketzerischen, ehebrecherischen, ja mörberischen Naturen; er sei ein Papist, ein Academiker (d. h. er läugne in Religionssachen alles Wissen) und habe einen wiedertäuferischen Sinn. Auf diese Anklagepunkte hier näher einzugehen ist darum nicht nöthig, weil wir das Schriftstück der Vertheidigung Castellio's in der Beilage aufgenommen haben, dann aber, weil wir später noch eine Würdigung des theologischen Charakters Castellio's ver-suchen müssen. Daß es aber Ernst galt, geht aus verschiedenen Außerungen hervor. Er selbst anerbietet sich, für den Fall, daß die Genfer ihre verläumberischen Anklagen beweisen können, „sein Haupt zur gerechten Strafe darzubringen" und indem er seine Vorgesetzten um Gerechtigkeit ansieht, legt er ihnen ans Herz, daß Gott unschuldig vergossenes Blut räche. In der Voraussicht,

daß eine ähnliche Anklage einmal von den Genfern aus gegen ihn erho=
ben werden könnte, hatte er schon in seiner im Jahr 1561 ge=
schriebenen Vertheidigung warnend und abschreckend ihnen zuge=
rufen, daß sie, wenn sie ihn beim Magistrat zu Basel verklagen
wollten, nach dem jus talionis, welches zu Basel gelte, würden
bestraft werden und, charakteristisch genug, fügt er hinzu: Verkla=
gen müßten sie ihn doch dort, wenn sie es auf Todesstrafe ab=
gesehen hätten! Ein Beweis, wie ernst er selbst seine Lage an=
sah. [215a]) Es kann kaum einem Zweifel unterliegen, daß Beza
selber (trotz jener Warnung) der Ankläger war, welcher auf das
Haupt des armen gequälten Castellio nun den letzten vernichten=
den Strahl schleuderte. Er gesteht es selbst; [216]) daß er aber dadurch
wahrscheinlich dessen Tod herbeigeführt habe, davon schweigt er.
Castellio's Kraft war gebrochen; die unermüdliche systematische
Verfolgungswuth seiner Gegner, die es schon früher dahin ge=
bracht hatte, daß ihm eine öffentliche und gedruckte Vertheidigung
gegen ihre ebenfalls öffentlichen und gedruckten Anklagen unter=
sagt wurde, [217]) hatte schon längst an seinem Leben gezehrt. Er
zweifelte jetzt noch, bei diesem letzten und heftigsten Angriff, ob
ihm der Rath eine öffentliche Verantwortung gestatten würde und
bittet flehentlich um diese Vergunst in seiner Vertheidigung, welche
auf jeden Unpartheiischen durch ihre edle und ernste Haltung, ihre
Mäßigung, ihr Fernhalten jeder persönlichen Gehässigkeit und
den warmen Hauch der Menschlichkeit, welcher sie durchzieht, ei=
nen mächtigen Eindruck hervorbringen und das Gefühl erwecken
muß, daß hier die Ueberzeugung ihre Sache führe. Ueber seine
Todesart erfahren wir, daß ein langsames Fieber ihn aufrieb,
welches mit heftigen Magenschmerzen verbunden war. Unzeitiger
Genuß von Milch hatten diese noch vermehrt. Der eigentliche
Charakter seiner Krankheit war eine Atrophie und Ursache der=
selben „angestrengtes Arbeiten, Nachtwachen und Sorgen, viel=
leicht auch seine Enthaltsamkeit vom Wein". Das ist das Urtheil
seines Freundes, des sachkundigen Th. Zwinger. [218]) Ein un=
glücklicher Fall scheint den Tod noch vollends beschleunigt zu ha=
ben. [219]) An der Pest jedoch, wie gewöhnlich angegeben wird,
ist er nicht gestorben. Diese wüthete damals allerdings in Ba=

fei, [220]) trat indeß am heftigsten das folgende Jahr auf. Auch andere Zeitgenossen schreiben die Ursache seines Todes dem Kummer und Grame zu. [221]) „Durch Gottes Güte wurde er dem Rachen seiner Feinde entrissen," also lauten die Worte desselben Zwinger's hinsichtlich dieses Todes. Seine Feinde dagegen betrachteten ihn als eine sichtbare Strafe Gottes; so schreibt Beza an Bullinger einen Monat später: Ich habe dem Castellio nur zu wahr prophezeit, als ich ihm sagte, der Herr werde in kurzem ihn für seine Blasphemien bestrafen. Doch, fügt er hinzu, ich will über den Todten nicht urtheilen. [222])

Das war im Verhältniß noch ziemlich mild gegen den Geist, der sonst in Genf herrschte. Aus Briefen der damaligen Zeit erfahren wir, daß selbst der Schatten des Gestorbenen noch verlästert und verdammt wurde, ja daß Einige ihren Unwillen darüber äußerten, daß er eines natürlichen Todes gestorben sei. Ein Zelot aus Genf schrieb nach Basel, daß er ihm den Tod gewünscht und Gott flehentlich darum gebeten habe. Die alten Vorwürfe von Abtrünnling, Arianer, Wiedertäufer erwachten aufs Neue [223]), und wenn man seiner in unschuldiger Weise Erwähnung that, so drohten die Gegner alsobald mit Schwert und Feuer und andern Schreckmitteln. [224]) Einer seiner Schüler, der ihm das Grabmal hatte stiften helfen, war darum den Genfern, als er sich bei ihnen aufhielt, nicht wenig verdächtig. Man hätte gern alles Andenken an den Verstorbenen, seinen Einfluß und sein Wirken spurlos vernichtet; noch nach einigen Jahren ereignete es sich zu Lyon, daß einem Sohn die Erlaubniß zur Trauung nur unter der Bedingung ertheilt wurde, daß er keiner castilioneischen Ketzerei huldige; sein Vater war nämlich als Freund des Castellio in üblem Verdacht! [225])

In Basel wurde die Leiche des Castellio „auf den Schultern seiner Schüler, unter einem sehr zahlreichen Geleite" zu Grabe getragen und im Kreuzgange des Münsters, „an sehr ehrender Stelle" beigesetzt. [226]) Drei vornehme Polen, seine Schüler (deren der Verstorbene „aus den entferntesten Landen" angezogen hatte), setzten ihm im Auftrag ihrer Landsleute sowohl als aus eigenem Antrieb ein Grabmal mit folgender Inschrift:

JOVÆ OPT. MAX.

Sebastiano Castellioni Allobrogi,
Græcorum Litter. in Academia
Basil. professori celeberrimo
Ob multifariam eruditionem et
vitæ innocentiam doctis
Piisque viris percharo
Præceptori optimo et fidelissimo
Stanislaus Starzechovki
Joannes Ostrorog
et Georgius Niemsta
Poloni
ut popularium suorum qui eum
audierant voto
et privatæ pietati
satis facerent
ad publici luctus solamen
H. M. B. M. P.
obdormivit in Domino
anno Christ. sal.
MDLXIII
IIII Cal. Januarii
aetatis XLVIII.[227])

Wir können das Grab Castellios noch nicht verlassen, ohne einem allgemein verbreiteten Glauben — einem Wahn, wie wir überzeugt sind — entgegenzutreten, der auf das Gedächtniß eines unbescholtenen Mannes bisher einen schwarzen Flecken geworfen hat. Castellio ist nämlich in der Familiengruft des Gryñäus beigesetzt worden; sein Leichnam, heißt es aber seit Scaliger,[229]) sei durch J. J. Gryñäus wieder ausgegraben und an einer anderen Stelle beigesetzt worden, weil jener sein Familiengrab nicht habe wollen durch einen Ketzer wie Castellio noch länger verunehren lassen. Es gebe, fügt Scaliger seinem Bericht bei, allerdings solche, welche Andersgläubige nicht in ihre Gräber aufnehmen wollten, aber in unserer Religion sollte es nicht geschehen. Dem Scaliger haben ziemlich alle, welche sich mit Castellio bisher be-

schäftigt haben, nachgesprochen, selbst Ochs, welcher als Motiv
angiebt, „damit dessen Asche die der Seinigen (des Grynäus)
nicht verunreinige" und beifügt, dieser Entscheid sei erst einige
Zeit nach dem Tode des Castellio gefaßt worden, weil zur Zeit
seines Todes jener J. J. Grynäus in Tübingen gewesen sei.
So auch Escher in der halle'schen Encyclopädie s. v. Castellio.
Ein wenig zaghafter drückt sich Herzog aus in den Ath. Rauricæ,
der den Vorgang angiebt und das Motiv doch wenigstens mit einem
„vielleicht" einleitet: damit vielleicht sein Staub nicht mit dem
dieses Mystikers vermischt würde.*) Hätten wir auch kein Ar=
gument gegen jenes Verfahren, als die Wahrscheinlichkeit, so
spräche diese gewaltig dagegen. Grynäus Vater, Thomas, war
ein ehrwürdiger Geistlicher; sein Sohn J. Jakob, der Professor
und Antistes, ein Mann von nichts weniger als zelotischem Cha=
rakter: sollte nun eine Verfügung des Vaters auf so eklatante,
pietätslose Art umgestoßen und dadurch auf's Unzweideutigste ver=
dammt haben?

Zum Glück hat sich ein Brief des Grynäus erhalten,[230]
welcher die Sache für den, der sehen und urtheilen will, in ziem=
lich klares Licht setzt. Grynäus giebt daselbst Aufschluß über
Castellio in Form einer kurzen Charakteristik, welche ein Freund
gewünscht hatte; er gesteht, möglichst unpartheiisch, einige Schwä=
chen des Mannes zu, der hie und da durch Ironie gegen ver=
diente Männer sich verfehlt, der allzu philosophisch über gewisse
Dogmen geurtheilt und seine Ansichten zu eifrig verbreitet habe u. a. m.
Dann berührt er das Epitaphium und das Grab, dieses mit folgen=
den Worten: „Der Stein, auf welchem die Inschrift eingegraben
war, brach, da man das Grab wieder öffnete, wegen seiner ge=
ringen Festigkeit entzwei." Hierauf wird sein Sohn Friedrich in
kurzen Worten erwähnt und über den Vater fortgefahren: „Sein
Lebenswandel war tadellos, seine Gewissenhaftigkeit und Geschick=
lichkeit als Lehrer der griechischen Sprache vorzüglich. Er war
mein Lehrer vor nun 48 Jahren.... Oft sprach er bei meinem

---

*) Der Grund, warum Streuber die Aussage Scaligers verwirft, ist
keiner.

Vater ein, welcher damals nach Rötelen im Badischen übergesiedelt war. Sein Andenken ist mir auch darum lieb, weil er bei unserer letzten Zusammenkunft in gediegener Weise mit mir über die Mäßigung sprach." — Klingt das nun wirklich wie die Sprache eines Zeloten, wie grenzenlose Impietät gegen einen Lehrer?

Hätte Grynäus, wenn jene That ihm wirklich zur Last fiele, des Grabsteins auch nur erwähnen dürfen? Oder war er ein vollendeter Heuchler, der mit unbefangenster Miene und mit den unverfänglichsten Worten über einen entehrenden Akt wegging? Wir werden nichts von allem dem glauben wollen, glauben dürfen. Aber warum wurde denn das Grab wieder geöffnet? Die einfache Antwort lautet: Zur Beerdigung des Thomas Grynäus, Vaters, welcher ein halbes Jahr nach Castellio an der Pest starb und natürlicher Weise in der Familiengruft der Grynäus beigesetzt werden mußte.[231]

Castellio ließ acht Kinder und eine Frau zurück, die von Armuth und Anfeindungen zu leiden hatten;[232] sogar Schulden fanden sich vor. Aber Castellio hatte auch Freunde, „reiche und fromme Leute", welche dieselben bezahlten und sich überdieß der Erziehung der Kinder annahmen.

Nachgelassene Schriften.

Castellio hinterließ auch Schriften, welche zu seinen Lebzeiten nicht gedruckt worden waren; theils sein unerwartet schneller Tod, theils aber die Ungunst der Zeit und der critische Inhalt derselben hatten den Druck verhindert. Erst 15 Jahre nach seinem Tode, im Jahr 1578, erschien ein Theil derselben (unter den oben schon erwähnten Umständen) bei Perna zu Arisdorf, d. h. Basel mit dem, wahrscheinlich schon von Castellio gewählten Autorennamen Theophilus Philadelphus und dem Motto 2 Petri 3: Gott will nicht, daß irgend einer verloren gehe, sondern daß Alle besser werden. [233]) Der eigentliche Herausgeber dieser Posthuma war Faustus Socinus, der Neffe des dem Castellio befreundeten Laelius. Er verbirgt sich unter dem Pseudonym Felir Turpio [234]) und spricht sich in der Vorrede dahin aus, daß Castellio dem Werk die letzte Feile noch nicht gegeben habe. Das Manuscript sei nach dem Tode Castellio's in der Verwahrung einiger frommer und wahrheitsliebender Männer geblieben und der Ueberzeugung wegen, daß die letzte Hand fehle, von der Veröffentlichung fern gehalten worden, bis einige Freunde des Verstorbenen durch Bitten und Gründe sie überzeugten, daß es ihre Pflicht sei es zu veröffentlichen. [234 a]) Hauptinhalt des Werkes sind vier in Gesprächsform abgefaßte Untersuchungen über Prädestination, Gnadenwahl, freien Willen und Glauben. Dann folgt eine Erörterung der Frage, ob der Mensch dem Gesetze Gottes durch den Einfluß des heiligen Geistes vollkommen zu gehorchen vermöge. Sie wird durch Gründe, durch Anführung von Autoritäten und durch Beispiele bejahend entschieden. Hierauf folgt eine Antwort an Martinus Borrhaus über die Prädestination, worin zu beweisen gesucht wird, daß Gott weder Urheber noch An-

stifter des Bösen sei. Dann erscheint die schon früher veröffent=
lichte Vertheidigung gegen die Angriffe Calvin's hier nochmals,
wahrscheinlich in ursprünglicher, nicht beschnittener Fassung.[235]
Die Abhandlung über die „Verläumbung" bildet den Schluß.
Sie ist ebenfalls zunächst gegen Calvin und dessen Anhang ge=
richtet. Ein eigenes Capitel darin handelt von dem Satz, daß
die Gelehrten immer am meisten der Wahrheit widerstrebt hätten,
so auch Calvin und Genossen, welche keinem das Wort gönnten,
der nicht drei Sprachen, lateinisch, griechisch und hebräisch ver=
stände, und demgemäß selber Christus nicht hören würden, sobald
er sich nicht über die Kenntniß jener drei Sprachen ausweisen
könnte. Nur Lateiner dürfen, nach ihrer Ansicht, das Volk lehren,
seien diese Lateiner so schlecht sie auch wollen. In der Vorrede
zu dieser sogenannten Arisdorfer=Ausgabe spricht sich der Heraus=
geber noch über einige den Inhalt betreffende Punkte aus, so über
der Lehre vom „freien Willen", wie schon Erasmus, später Me=
lanchthon und Biblander ihn vertheidigt, Luther und Calvin da=
gegen ihn geläugnet hätten. Mit ihnen nun auch der Basler
Professor Borrhaus. Diesen habe Castellio immer zum Feinde
gehabt, und wegen des großen Einflusses, über welchen dieser Mann
auf der Universität gebot, habe Castellio lange viel leiden müs=
sen. Wirklich war auch, wenn die Darstellung Castellio's in
allen Punkten genau ist, das Benehmen des Borrhaus sonderbarer
Natur. Den ersten Anlaß zur Differenz (vgl. p. 275 in der Aris=
dorfer=Ausgabe) lieferte eine Anmerkung Castellio's zum neunten
Capitel des Römerbriefes in seiner Bibelübersetzung, worin er
sich über (d. h. gegen) die Prädestination aussprach. Sie war
nicht nur schon gedruckt, sondern hatte mit der Bibel schon eine
Buchhändler=Messe durchgemacht, als sie auf Veranstaltung des
Borrhaus (wahrscheinlich des bestellten Censors) wieder aus der
Bibel entfernt wurde. Borrhaus setzte seine ganz entgegengesetzte
und den Castellio bekämpfende Ansicht über jene Lehre im Com=
mentar zum Moses auseinander und ersuchte nun den Castellio,
er möchte seine Gegengründe gegen jene Abhandlung schriftlich
ihm mittheilen; und als dieser sich bereit erklärte und fragte, ob
diese Widerlegung aber auch gedruckt werden dürfe, erhielt er eine

verneinende Antwort! Das, sagt Castellio, komme ihm gerade
so vor, wie wenn ein Feind zum andern sage: Liefere mir
deine Waffen aus, damit ich um so leichter Meister über dich
werde. [236]

Der Arisdorfer-Ausgabe folgte eine zweite im Jahr 1613
zu Gouda. Sie ist um einige Stücke vermehrt, denn sie enthält
auch eben jene Anmerkungen zum Römerbrief: Annotationes Sebastiani Castellionis in caput nonum ad Romanos, quibus
materia electionis et prædestinationis amplius illustratur; ferner eine Abhandlung über die Ursachen einer mangelhaften Erkenntniß der göttlichen Wahrheiten: Quinque impedimentorum
quæ mentes hominum et oculos a veri in divinis cognitione
abducunt, succincta enumeratio. Cum pia admonitione nequis
alterum propter diversam in religione sententiam odio aut vi
insectetur (zuerst — nunc demum u. s. w. — war diese Abhandlung
als Brochüre 1603 [1604?] ohne Angabe des Orts [Frankfurt?]
und des Druckers herausgekommen, geschrieben war sie schon 1555,
wie aus einem Brief auf der Rückseite des Titels hervorgeht.)
Als jene Hindernisse nun erkennt Castellio folgende: 1. Weil
diejenigen, welche die Kirche zu reformiren suchen, hauptsächlich
darnach trachten, einer äußerlichen Heiligenwürde (sanctimonia)
theilhaftig zu werden; 2. weil Jeder seinen Nächsten verklagt;
3. weil wir die Menschen zwingen wollen, zu unserer Religion
überzutreten; 4. weil auf die Zeit keine Rücksicht genommen wird
und die Menschen unsere Verhältnisse auf den gleichen Standpunkt
zurückzuführen suchen, welcher zur Zeit der Apostel galt. (Nr. 5
weiß ich leider nicht mehr anzugeben.) Die dritte Zugabe ist ein
Tractat über die „Rechtfertigung durch den Glauben" (tractatus
de justificatione oder sententia viri pii de justificatione).

Im gleichen Jahre (1613) erschien auch zu Harlem eine
Ausgabe jener Opuskeln in holländischer Sprache, vermehrt durch
ein Zeugniß, welches die Universität zu Basel dem Castellio aus-
stellte, durch den „conseil à la pauvre France" (sic), welche
Brochure im Todesjahr Castellio's (1563) auf der Nationalsynode
zu Lyon als äußerst religionsgefährlich verdammt worden war,
und durch den sogenannten Martinus Bellius. — Die letzte (u. zwar

lateinische) Ausgabe ist die Frankfurter von 1696: **Sebastiani Castellionis scripta selecta et rarissima**, welche neben dem In-halt der Arisdorfer noch den Thomas a Kempis enthält in der von Castellio ihm gegebenen Fassung.

Eine andere von Castellio verfaßte Schrift ist Manuscript geblieben. Sie kam, ungewiß auf welche Art, in den Besitz des bekannten Theologen J. J. Wettstein, der ihrer in seiner Ausgabe des neuen Testaments (nov. test. græce. Amstld. 1751, Tom II. 856 seqq. et 884 seqq.) Erwähnung thut; er citirt sie bald als „Systema" bald „ de interpretatione scripturæ", bald „de arte dubitandi et confitendi, ignorandi et sciendi." Wahrscheinlich hatte sie den letztgenannten Titel. Castellio hatte sie nicht lange vor seinem Tode, zu Anfang des Jahres 1563, niedergeschrieben. Da der Auszug bei Wettstein nicht ohne Werth ist für die Beurtheilung von Castellio's Theologie, so lassen wir denselben hier den Haupt-punkten nach folgen. Was den Buchstaben der Bibel betrifft, so existiren, heißt es dort, zwei Bedenken (scrupuli); die Einen näm-lich glauben, es sei unwahrscheinlich, daß Gott jemals würde zu-gegeben haben, daß auch nur ein Wort der heiligen Schriften verderbt würde, es sei also nicht einmal eine Silbe verändert worden oder gar verloren gegangen. Die Andern glauben, wenn man dieß zugebe (daß nämlich Einzelnes nicht in der richtigen Fassung auf uns gekommen sei), so komme die Gültigkeit und Autorität der heiligen Schrift zu Falle, denn wenn man einmal auch nur über gewisse Wörter Zweifel hege, so könnten bald ebenso ganze Schriften angezweifelt werden. — Auf die erste Ansicht nun gebe ich zur Antwort, daß Gott nie versprochen hat, er wolle die Hand der Schreiber so leiten, daß sie im Niederschrei-ben der heiligen Schriften niemals Fehler begehen, ja nicht ein-mal das hat er versprochen, daß gar kein heiliges Buch verloren gehen solle..... Und wir wissen ja, daß durch Ungunst der Zei-ten einige solcher Bücher wirklich verloren gegangen sind. Wenn man sagen wollte, die heiligen Schriften lägen Gott am Herzen, weil er ihr Urheber sei, so antworte ich darauf, daß Gott seine Kinder noch mehr am Herzen liegen, d. h. sein Volk, um dessen willen er jene Schriften diktirt hat. Wenn er aber nun dieses

fein Volk zwar nicht untergehen (denn das gab er nie zu), aber
doch so hat zusammenschmelzen lassen, daß von der Menge, welche
zahlreicher war als Sand am Meer, nur Reste übrig sind, so
darf es uns nicht wundern, wenn er in den heiligen Schriften
auch eine Verringerung (mutilationem) zugegeben hat u. s. w. —
Um die scheinbaren Widersprüche in der Bibel zu erklären, nimmt
Castellio (nach einer paulinischen Stelle 1 Cor. 14) vier Arten
von Sprachen in derselben an, je nachdem die Offenbarung (pa-
tefactio), die Prophezeihung (vaticinatio), die Erkenntniß (cog-
nitio) oder die Lehre (doctrina) vorliegt. Weil die Prophezeihung eine Steigerung und Erregung (agitatio) des Geistes er-
fordert, so sind ihrer eigentlich nur drei. Was durch Offenbarung
auf uns gekommen ist, kann als göttlicher Ausspruch (oraculum),
was durch die Erkenntniß, als Zeugniß, was durch die Lehre,
als menschliche Ansicht (sententia) betrachtet werden. Bei den
Zeugnissen darf man nicht zu abergläubisch und ängstlich sein
und nur nach dem Gesammt-Charakter ihrer Uebereinstimmung,
nicht nach Uebereinstimmung einzelner Worte fragen; ebensowenig
darf man den Ansichten der Menschen, sollten diese auch noch
so fromm und heilig gewesen sein, unbedingtes Gewicht beimessen,
dieß dürfen nur die göttlichen Aussprüche beanspruchen. Auch
den vom heiligen Geist erleuchteten Aposteln, meint er, könne etwas Menschliches begegnet sein, daß ihnen nämlich einzelne Aus-
brücke entschlüpften, welchen die Schwäche des Gedächtnisses oder
des Urtheils anzumerken sei (so in den von Christus ihnen mit-
getheilten Dingen). Auch behauptet Castellio, man müsse die
abergläubische Strenge gewisser sonst nicht unfrommer Männer
bekämpfen, welche, indem sie an einzelne Wörter, wo es gar nicht
darauf ankommt, sich hartnäckig anklammern, dadurch auf unbe-
sonnene Weise in der Kirche Meinungsverschiedenheit und Hader
pflanzen. [237 a])

Charakter als Mensch, als Christ, als Theologe.

Die Frömmigkeit, die Unbescholtenheit des Lebenswandels, welche dem Castellio auf seinem Grabstein [238]) zugeschrieben wird, ist kein leerer Schall und keine hohle Phrase. Näher und ferner stehende Zeitgenossen, selbst seine Gegner, wenn sie nicht durch die religiösen Differenzen ihr Urtheil blenden und zur leidenschaftlichen Partheilichkeit hinreißen ließen, spenden ihm jenes Lob und in einem Grade, welcher auf ein außergewöhnliches Maaß jener Tugenden schließen läßt. Zwinger nennt ihn „den gelehrtesten, reinsten, frömmsten, der niemals nach Glanz des Namens strebte, durch unsträflichen Lebenswandel und Gelehrsamkeit eine leuchtende Zierde der Universität," „einen wahren Israeliten". „Einfach und fern von allem Dünkel," „von edelster Gesinnung und Treuherzigkeit" heißt er bei anderen. [239]) Die Universität von Basel hob in dem Zeugniß, welches sie ihm ertheilte, [240]) seine ungewöhnliche Frömmigkeit hervor, und einer der eifrigsten Verfechter der Prädestination, Polanus, rühmt in der gleichen Schrift, welche er gegen seinen wissenschaftlichen Gegner richtet, dessen „heiliges Leben und musterhaften Wandel". Von der Wahrheit dieses Lobes wird sich der Leser im Verlauf unserer Darstellung wohl auch schon überzeugt haben. Einzelne schöne Züge seines Charakters, seine Bescheidenheit, seine Gewissenhaftigkeit, seine Mäßigung und Mäßigkeit sind uns schon mehr als einmal entgegengetreten, und wenn ihn seine Gegner zum Streite reizten und er denselben aufnahm, so darf er deßwegen nicht „streitsüchtig" genannt werden, sondern die Liebe zur Wahrheit leitete seine Schritte und diktirte ihm seine Worte; sie ist auch Schuld, wenn ihn sein Eifer vielleicht einmal über die gewöhnlich beobachteten Schranken hinausriß (wie z. B. in jener Predigt zu Genf).

Wenn die Sucht nach Originalität seiner Jugend anhaftete, so
hat sie sich später völlig verloren, und all sein Thun und Schreiben und der dadurch gewonnene Eindruck widerlegt siegreich
diejenigen, welche jenen Zug als stehenden und charakteristischen
an ihm tadeln. Seine Gutmüthigkeit schloß dagegen keineswegs
die Würze witzigen Scherzes, harmlosen Spottes, ja sogar bei-
ßender Ironie aus,[241]) wie er dieß selbst freimüthig zugesteht
und sich, gewissenhaft genug, zur Sünde anrechnet. Doch verwahrt er sich feierlich gegen den Vorwurf, als erlaube er sich
auch Scherz oder Spott in heiligen Dingen und führt als Beweis an, daß er zwei Bekannte über diesen ihren Fehler zurecht-
gewiesen habe. Beza hatte ihm nämlich vorgehalten, daß er in Gesellschaft seiner Schüler, welche er behaupte zur Vollkommenheit
zu führen, scherzend sich geäußert habe, er selber sei nur noch
zweitausend Schritte von dem Ziel der Vollkommenheit entfernt.
Es mochte allerdings ängstliche Seelen peinlich berühren, wenn
er sich etwa gegen die „Vorkämpfer und Stützen der christlichen
Kirche" jener Waffe seiner Ironie bediente oder, wie Grynäus[242])
sich ausdrückt, scheinbar in unbefangenster Weise mit ätzender
Lauge sie bespritzte, oder wenn er sie in demüthigem Tone um Be-
lehrung über gewisse Punkte der Dogmatik angieng — jene, die
Genfer, haben allerdings meist unverholener und unzweideutiger
gesprochen, ohne daß wir Grund hätten, diese Waffen als ritter-
licher oder als christlicher herauszuheben.

Suchen wir uns nun Castellio's Glauben und wissenschaft-
liche Stellung als Theologe klar zu machen, so wird sich uns
vor allem die Ueberzeugung aufdrängen, daß er es mit beidem
ernst nahm, und wenn er auch seinem Verstande in vielen Punkten, welche er für unwesentlich hielt, über den starren Autoritäts-
glauben den Sieg gönnte, so war doch die Quintessenz und das
Grundwesen der christlichen Lehre ihm eine heilige Sache und
dessen tiefe erschöpfende Ergründung Lebensaufgabe. Alle anderen
Studien, mit denen der heiligen Schriften verglichen, sind ihm
eitel und nichtig und stehen zu jenem in durchaus dienstbarem
Verhältniß.[243]) Trotzdem setzt er das innerste Wesen und die
Bedeutung des Christenthums mit einer seiner Zeit weit voran-

eilenden Entschiedenheit in die Liebe, die Charitas. Wir haben schon öfter darauf aufmerksam machen müssen, weil sie den Grundzug seiner geistigen Natur bildet, den Hauptstoff seines Wesens, ohne dessen Kenntniß das Verständniß des Mannes blaß und schattenhaft bleiben muß. Sie ist ihm auch, neben dem Geist Christi, die einzige Führerin durch das Labyrinth der streitenden Ansichten in Religionssachen; ohne sie giebt es weder Erleuchtung noch Schlichtung; ohne sie kann wohl unser Wissen vermehrt werden, aber der Geist weicht von uns und wir sinken tiefer und tiefer. In seinem dem Rathe von Basel vorgelegten Glaubensbekenntnisse macht er den Spruch Pauli zu dem seinen: Und wenn ich in Zungen der Menschen und Engel spräche und ich hätte nicht der Liebe, so wäre ich ein tönendes Erz und eine klingende Schelle, und wenn ich so viel der Weissagung hätte, daß ich alle Geheimnisse wüßte und alles Wissen umfaßte, und wenn ich sogar allen Glauben hätte um Berge zu versetzen, und die Liebe fehlte mir, so wäre ich Nichts, und wenn ich alle meine Kräfte zu edlen Zwecken verwendete und sogar meinen Körper zum Flammentod hingäbe, und mir fehlte die Liebe — so hätte ich nichts gethan. Wie ein Pendelschlag erhält diese Liebe seinen Geist in Bewegung und giebt ihm zu unablässigem Wirken Anstoß, und wir hören durch alle seine Arbeiten und Lebensziele ihren wohlthuenden Hall. So mag sie und wird sie in unserem Urtheil mehr als aufwiegen, was zu vollkommener theologischer Klarheit, Schärfe und Inspiration vermißt werden mag. In diesen Stücken, heißt es, seien seine Hauptgegner ihm überlegen gewesen. Wir vermögen dieß nicht zu untersuchen (er selber ist freimüthig und bescheiden genug zu gestehen, daß ihm der prophethische Schwung abgehe: illum fatidicum spiritum non habeo). Das aber behaupten wir, daß er an theologischer Selbstständigkeit jedem andern ebenbürtig war. Autoritäten galten ihm weniger als eigene, auf gewissenhaftem Forschen und Prüfen gegründete Ueberzeugung. „Nicht wer spricht, sondern was gesprochen wird, muß beachtet werden,"[244] war sein leitender Grundsatz, dessen kühner Freisinn seine Gegner mit Ingrimm erfüllte. „Er gehörte, sagt ein neuerer unpartheiischer Beurtheiler,[245] zu der kleinen

Zahl jener Philosophen, welche in ihrem aufrichtigen Streben nach der absoluten Wahrheit ihren religiösen Glauben sich von durchaus keiner Autorität aufdrängen ließen." Zwischen dieser freien Anschauung und dem Hang zur Mystik, welchen wir später immer mehr bei ihm ausgebildet treffen, ist durchaus keine solche Kluft, wie es den Anschein hat. Gerade weil sein redlicher Verstand das einzelne starre Dogma nicht zu fassen vermochte und ihm sagte, es sei auch weder nothwendig, daß, noch irgend erheblich, wie er es fasse, ließ er den übrigen Inhalt der Religion, den ganzen Strom ihrer erhebenden, im Gefühl und der Ahnung lebenden Momente und Ideen mächtig auf sein Gemüth einwirken. Bei dieser Fülle inneren Lebens war auch der „dogmatische Indifferentismus", den man ihm wohl vorwirft und als dessen Verfechter man ihn nennen hört, weniger gefährlich. Seine Richtung war nothwendig durch das Extrem hervorgerufen, welches um des Dogma's willen den Holzstoß aufschichten ließ. Trechsel (Antitrinit. I, 208) nennt ihn mit Recht einen der ersten und ausgezeichnetsten Repräsentanten jener Richtung, welcher eine Anzahl classisch gebildeter Männer anhieng, und deren eigenthümliches Gepräge darin bestand, „daß sie die scharfen Ecken und Lineamente der Kirchenlehrer so sehr möglich verflachte und abstumpfte und einen angeblich biblischen Universalismus entgegensetzte, mit einem Wort, sich mehr oder weniger dem näherte, was man oft eine allgemeine oder natürliche Religion zu nennen pflegt." Sie war es auch, welche ihn den Römischen so gut wie den Calvinisten verhaßt machte. Seine Hauptabweichungen von der damals herrschenden Dogmatik, seine Opposition, für die er glaubte zum Wohl der Menschheit stehen und kämpfen zu müssen, betrifft die Lehre von der Vorherbestimmung des Menschen zum Heil oder zum Verderben (Prädestination) und vom freien Willen (liberum arbitrium), denn sein Kampf für die religiöse Duldung bewegt sich nicht um ein eigentliches Dogma, sondern um ein zwischen Kirche und Staat in der Mitte stehendes Prinzip. Daneben laufen eine Anzahl anderer Eigenthümlichkeiten seiner theologischen Anschauung, die wir theils schon kennen gelernt haben (so seine Ansicht von den Gesetzen Mosis), theils weiter un-

ten noch berühren werden. Von jenen Sätzen dagegen muß bemerkt werden, daß Castellio das Motiv zu seinen Angriffen wiederum aus jener Charitas, jener allgemeinen Liebe zu schöpfen
scheint, welche ihm, allerdings mächtig unterstützt durch den Verstand, das Gefühl und den Gedanken zu einem unerträglichen
machten, einerseits daß der Mensch hülflos, schuldlos und willen-
los göttlicher Verfügung anheimgegeben, andererseits, daß die
göttliche Liebe und Gerechtigkeit mit einer solchen Verfügung ver-
träglich sei. Es war ein Kampf, wie zu Ehren des Göttlichen,
so für die Rechte der Menschheit gegenüber dem Göttlichen.
Alle Menschen sind ihm zum heiligen Leben bestimmt; diejenigen,
welche dann wirklich geliebt und demgemäß erwählt werden, sind
ohne ihr Zuthun (gratuito) durch Gottes Güte erwählt, diejenigen aber, welche gehaßt und verschmäht werden, sind es um ihrer
Sünden willen. Und ihre Sünden sind ihre eigene Schuld. [246]
Wenn es heißt, daß Gott das Herz Pharaonis verhärtete (indu-
ravit), so will damit nur gesagt werden, daß er es nicht habe
weich werden, sondern in seiner Härte verharren lassen, und der
Grund dieser Verfügung Gottes ist die Gottlosigkeit des Pharao.
Gott ist zu vergleichen einem Töpfer: beide wollen ihr Gefäß
recht und vollkommen machen, wenn dieses aber nicht will und
Fehler annimmt, so zerstören sie es. Wenn es heißt (proverb. 16):
Gott habe viele Böse geschaffen auf den Tag des Gerichts, so ist
darunter nicht der Zweck, sondern die Folge der Erschaffung zu
verstehen. Gott will die Sünde nicht, darum hat Adam nicht
nach der Verfügung Gottes gesündigt, sondern nach eigenem Willen und nach eigener Schuld. 'Auf den Einwand, wie die göttliche Voraussicht des Sündigens in Einklang zu bringen sei mit
dem Nichtwollen desselben, antwortet Castellio: Ein Anderes ist
es, wissen, ein Anderes, bewirken. Wenn Gott auch wußte, daß
Adam sündigen werde, so hat er ihn doch nicht dazu gezwungen.
Denn weder ein zukünftiges noch ein vergangenes Ereigniß hängt
von dem Wissen ab, sondern das Wissen vom Ereigniß. Vieles
geschieht gegen die Bestimmung; selbst Judas war ursprünglich
erwählt und wurde erst später aus dem Buche des Lebens gestrichen. Gute und Böse haben ihren freien Willen, aber die Gu-

ten haben einen guten, die Bösen einen bösen. — Diese Lehre Castellio's hat Schweizer [247]) metaphysisch zergliedert und als Resultat aufgestellt, daß Castellio die Sache der Prädestination oberflächlich fasse, wenn er behaupte, in Gott und dem Weltplan könne kein verborgener Wille existiren, ferner, daß er moralisch Unausweichliches mit physischer Nothwendigkeit zusammenwerfe, und endlich, daß er die göttliche Intelligenz der endlichen so analog setze, daß der absolute Charakter derselben verloren gehe. — Uns scheint indeß, dieser letzte Einwand könnte zu Gunsten jedes beliebigen Dogma's geltend gemacht werden, wenn dieses auch noch so sehr menschlichen Begriffen von Recht und Unrecht, Schuld oder Unschuld, Verdienst oder Strafe widerspräche, mit anderen Worten, es könnte so über gar kein Dogma mehr gestritten werden. Was aber das Hauptmoment der Calvinischen Prädestinations=lehre ausmacht, die Vorherbestimmung zum Leben oder zur Ver=dammniß, ohne Rücksicht auf Schuld oder Unschuld, so glauben wir, steht der Geist unseres Jahrhunderts in der überwiegenden Mehrzahl seiner Vertreter mit seinem Veto ihm entgegen und auf Castellio's Seite. Jedenfalls wird niemand ohne tiefe Rührung, die aus der Hochachtung vor dem Manne und prüfender Vergleichung seines Geistes mit den Verhältnissen seiner Zeit entspringt, die Worte seines Glaubensbekenntnisses lesen: „So vil aber die Gottlosen und Bösen antrifft, das dieselbigen von und vor ihrer Sünd von Gott dem Herrn gehassen und verstoßen seigen, so ich dasselbige nit fasse, beger, das ich in diesem geduldet werde umb Christi willen."

Daß Castellio die Natur des Willens richtig erkannt habe, gesteht Schweizer zu, nur findet er ungenügend, daß die Willens=natur (voluntas spontanea) mit dem liberum arbitrium, der graduellen Zuständlichkeit der sittlich=religiösen Lebenskraft, zusam=mengeworfen werde. Betreffend die Auslegung von proverb. 16 (siehe oben), meint derselbe, daß Calvin daraus allerdings Etwas hätte lernen können. „Castellio dehnt den Spielraum des Mensch=lichen aus und verengert das Gebiet der Vorsehung. Er ist in Gefahr, nur das für gerecht zu halten, was unsere Vernunft als gerecht nachweisen kann, Calvin aber ist in Gefahr, eine inhaltlich

von der uns bekannten verschiedene Gerechtigkeit als "uns ver-
borgen vorauszusetzen, statt inhaltlich nur eine anzuerkennen, dabei aber bloß den Unterschied des allwissenden und des beschränk-
ten Elements geltend zu machen." Es ist dem ganzen Charakter
der theologischen Richtung Castellio's analog, wenn er auch der
Ansicht widerstrebt, welche wiederum Calvin auf's eifrigste ver-
focht, daß nämlich der sogenannte natürliche Mensch eine durch
und durch sündige thierähnliche und nicht einmal des Versuchs zum
Guten irgend fähige Creatur sei: die Lehre von der Nothwendigkeit
der Erbsünde widersprach seinem menschlichen Gefühl und er be-
hauptete, daß die Menschen vor den bösen Affekten sündlos seien
(homines ante pravos affectus esse insontes). Beza verfehlt
zwar nicht, diese Ansicht als „Pelagianischen Gifttrank" zu brandmarken, jedoch ist zwischen jener Lehre des Pelagius, daß der
natürliche Mensch sich selbst erlösen könne, und dem Ausspruch
Castellio's noch eine große Kluft; allerdings traut auch er demselben eine gewisse Perfektibilität durch eigene Kraft zu und anerkennt den natürlichen Menschen im Sinne Calvins nicht —
aber jene gedeiht doch nur bis zu einer gewissen Stufe, auf welcher höhere Hülfe eintreten muß; Schweizers Behauptung, daß er
die Eigenthümlichkeit des Christenthums beseitigt habe, da es ihm
nicht Erlösungs-, sondern Gesetzesreligion sei, scheint daher eine
Beschränkung erleiden zu müssen.

In dem Inhalt der Bibel unterscheidet er zwei Haupttheile
und weist dem einen die menschlichen, dem anderen die göttlichen
Dinge zu. Die menschlichen sind solche, welche auch ohne die
weissagende Inspiration (spiritus fatidicus) durch den menschlichen Geist allein begriffen werden; zu ihnen gehören die gesammten heiligen Gebräuche, die Beschreibung der Stiftshütte,
des salomonischen Tempels, die Traumgeschichte Ezechiel's und
der anderen Propheten, die Gleichnisse Christi und die ganze
Apokalypse. Göttliche Dinge dagegen sind ihm solche, welche
„von dem Schatten des Menschlichen bedeckt und umrissen werden",
so die Ausdrücke: „die Herzen beschneiden" „der Welt sterben".
Durch menschliche Macht kann der Sinn der heiligen Schriften
und ihre göttliche Bedeutung nicht erschlossen werden; diese Kennt-

niß verleiht nur der heilige Geist und zwar oft gerade den Un-
gelehrten, Schwachen und Verachteten. Er selbst, Castellio, giebt
zu, daß er jenen „weissagenden Geist" nicht besitze, darum be-
rühre er auch jene heiligen Dinge in seinen Anmerkungen zur
Bibel meist nicht. Dieser „Geist" nimmt bei Castellio mit
den Jahren eine immer größere, tiefere Bedeutung an; er ist des
Glaubens, es werde wohl eine Zeit kommen, wo das hellere
Licht des Geistes das geringere der Schrift ungefähr wie der helle
Tag den Schein der Lampe verdunkeln und überstrahlen werde,
und ihm zu Liebe ändert er sogar seine frühere Ansicht von der
Nothwendigkeit des Bibellesens, indem es keine andere Sprache
gebe, welche das Herz ändern und die Menschen besser machen
könne, als eben die Sprache des heiligen Geistes. Denn er sah,
wie gewisse Lehren der Bibel, je nach ihrem verschiedenen Verständniß, schon seit hunderten von Jahren zu Streitfragen geworden waren, ohne jemals beigelegt werden zu können durch die
Forschung allein. Er erkannte eine Menge dunkler und räthsel-
hafter Stellen in der heiligen Schrift, deren Sinn nur den
„Vollkommenen" offen sei. Damit hängt seine Ansicht von der
„Geheimlehre" Pauli zusammen, welche den Ingrimm seiner
Gegner in so hohem Maaße erregte. Was nämlich Paulus
schriftlich hinterlassen hat, war nur für die große Masse bestimmt;
es ist die „Milch", womit die Unmündigen getränkt werden, wie
Paulus selbst dieß zu verstehen giebt; die eigentliche „kräftige
Speise" dagegen wurde für die Vollkommenen aufgespart. Paulus selbst war ein Vollkommener, ihm hat Gott die höhere Wahrheit gezeigt, und diese esoterische Lehre theilte er seinen eigentlichen
Jüngern wieder mit, wohl wissend, daß die größere Zahl der
Unvollkommenen, welche seine Schriften lesen würden, jene einem
engeren Kreis bestimmte Geheimlehre doch nicht zu fassen vermöchte. Der „Gekreuzigte" ist ihm demnach nicht der ganze Inhalt der
Christenlehre, sondern er gehört zu den Rudimenten derselben,
welche allem Volk mitgetheilt werden; die Eingeweihten, die Vollkommen, wissen noch viel mehr und ihr Wissen ist ein geläu-
tertes. Aehnlich wie mit Paulus verhält es sich hinsichtlich einer
allgemeinen und besonderen Lehre mit Christus selber: auch er

sprach zu den ihm ferner stehenden (à ceux de dehors) nur durch Gleichnisse, durch verhüllte und überkleidete Worte; nachher erklärte er dieselben seinem engeren Jüngerkreis nach ihrer besonderen Bedeutung.[249] Andere ihm eigenthümliche Ansichten, welche sporadisch auftreten und in keinen Zusammenhang zu bringen sind, möchten folgende sein, daß Christus hätte sündigen können, wenn er gewollt hätte,[250] daß sein Erlösungswerk ohne Rückwirkung auf frühere Geschlechter sei,[251] daß es ein religionswidriges Beginnen sei, die Todten in den Kirchen zu begraben,[252] daß der Tag des Gerichtes nahe sei.[253] „Ich wollte, schreibt er an ZerKinden, mit dir über wichtigere Dinge (als nämlich die irdischen sind) sprechen: wie wir unser Oel in Bereitschaft halten und warten sollen auf die Ankunft des Bräutigams, der, wie ich fest überzeugt bin, schon vor der Thüre steht."

Die letztgenannte Ansicht scheint aus seiner trüben Anschauung des Zeitgeistes und seiner Sitte zu fließen, welche er als von einer noch nie dagewesenen Ruchlosigkeit schildert und als völlig passend zu Paulus Schilderung von den letzten Tagen. „Trunksucht, Meineid, der Geist der Lüge, Geiz und Verschwendung, Prunksucht, Ungenügsamkeit, Frechheit, zügellose Ausschweifung, Verachtung und Lästerung des Göttlichen, kurz alles unreine und sündige Wesen ist in kurzer Zeit so sehr in Schwang gekommen, daß was noch vor vierzig Jahren an reifen bärtigen Männern für unnatürlich und unerträglich galt, heut zu Tage an Knaben ganz gewöhnlich ist."[254]

Wir können dieses Capitel noch nicht verlassen, ohne einen Vorwurf näher zu beleuchten, der dem Castellio bis an sein Lebensende über eine religiöse oder kirchliche Eigenthümlichkeit gemacht wurde, den nämlich, er sei ein Wiedertäufer gewesen.[255] Nun war allerdings in jener Zeit der Vorwurf der Wiedertäuferei ein ziemlich leicht zu erhaltender: jeder, der es nicht ganz entweder mit den Papisten oder mit den Reformatoren hielt, wurde damit bedacht; doch meinten ihn Castellio's Gegner ernster und im eigentlichen Sinne. Bullinger sagte ohne Scheu, in seinem und anderer Beisein hätte sich e i n e r gerühmt, daß er ihn getauft habe. Obwohl dieß wahrscheinlich eine Erdichtung dieses „Einen"

ist, um dem guten Namen des Mannes zu schaden, so lag ihr
in sofern eine gewisse Wahrheit zu Grunde, als Castellio ohne
Zweifel der Meinung war, daß „die Taufe erst dann stattfinden
sollte, wenn der Täufling über seinen Glauben Rechenschaft zu
geben vermöge".²⁵⁷) Diese Ueberzeugung hatte und hat noch ein
Mancher, welcher mit Recht dagegen protestiren würde ein Wiedertäufer zu heißen. Wir haben schon oben gesehen, wie Castellio
sich dagegen wehrte, als er mit Entrüstung Beza's Verläumbung,
welche dieser aus dem Wort lotio geschmiedet hatte, zurückwies.
Die Versammlungen dieser Sektirer mochten übrigens für Castellio manches Anziehende haben, denn daß er sie oft besuchte, un-
terliegt keinem Zweifel. Grynäus führt dieß als eine seiner
Eigenthümlichkeiten an (in dem oben erwähnten Briefe), hütet
sich aber sehr vor einer weiteren Schlußfolgerung.²⁵⁸) Andere
dagegen ergriffen diesen willkommenen Anlaß zur Verläumbung.
So war das Gerücht bis nach Bern zu seinem Freund ZerKinden
gedrungen, der ihm getrost zurückschreibt, er glaube nicht daran, denn
in jener ruchlosen und verbrecherischen Sekte der „Niederländer"
(so hieß man die Wiedertäufer) getraue er sich jeden eher zu finden als den Castellio, welcher, selbst wenn ihre Lehre die richtige
wäre, keiner Sekte von so schändlicher Lebensweise würde ange-
hören wollen.

Ein anderer Brief, von einem Wiedertäufer selbst, der sich
zu dieser Sekte bekennt, giebt völlig Aufschluß, daß Castellio nie
zu derselben gehörte, denn jener vertheidigt gerade die anabaptisti-
schen Ansichten gegen die religiösen Anschauungen Castellio's und
fügt bei, er habe gegen Castellio's Schüler die gleichen Streit-
punkte schon verfochten. Castellio selber hatte sich schon in seinem
Moses latinus p. 241 für die Zulässigkeit des Eides ausgesprochen, der für Gott so wenig Verletzendes habe, als für einen recht-
schaffenen Mann die Berufung zum Zeugen — also eine Haupt-
differenz mit der Lehre der eidesfeindlichen Wiedertäufer, und so
schreibt er denn auch einem, wie es scheint, hochstehenden
Freund in Belgien, daß er den „Irrthümern der Wiedertäufer
abhold sei", aber abhold noch mehr den blutigen Verfolgungen,
welchen sie ausgesetzt waren. Und damit verficht er eben wieder

sein heiligstes Prinzip, das der Dulbung, damit wollte er seiner „charitas" wieder Genüge thun, von der er sagt, sie sei leider kalt geworden wie der Winter in den Eisgegenden und werde täglich kälter, — und diese, welche er seinerseits wieder zur Wärme und Glut bringen wollte, diese sammt seinem unablässigen Ruf nach Toleranz, nach Glaubens= und Gewissensfreiheit, den er an weltliche und geistliche Machthaber ergehen ließ, sie ziehen schwer auf der Schale, wo das ganze Wesen des Mannes geprüft und gewogen wird, und lassen wir ihn neben jenen großen und ge= waltigen Eigenschaften my stisch, lassen wir ihn sonderbar und in Einzelheiten (vgl. Moses) gerade so superstitiös als in andern seinem Zeitalter weit voraus sein, — alle seine Irrthümer werden in die Höhe geschnellt auf der Wage einer unpartheiischen Zeit, die nicht nach menschlicher Autorität, sondern nach dem gött= lichen Gesetz der Gerechtigkeit, nicht mitten im Toben der Leiden= schaft, sondern in ruhiger Betrachtung des längst Vergangenen ihren Spruch fällt. Eine solche ist, Gottlob, die unsrige, und unter den Männern, denen sie zu ihrem Recht verhelfen muß, das ihnen die befangene Mitwelt vielfach schmälerte und vorent= hielt, ist keiner der letzten Sebastian Castellio.

Chronologisches Verzeichniß der Schriften.

Anno
1540 *Dialogi sacri,* Lyon (v. Index ber Sorbonne.)

1542 *Dialogi sacri* en latin et en français, Genf.

Bernardini Ochini Senensis expositio epistolæ divi Pauli ad Romanos de Italico in latinum translata, Augustæ Vindelic. 8. Ukhardt.

Ochini labyrinthi (anno? vgl. Teissier, éloges p. 221 und Schelhorn, Ergötzlichkeiten III, p. 2015.)

Ochini de Missæ origine atque erroribus (anno?).

1543 *Dialogorum liber secundus et tertius* per Sebast. Castalionem, Genev. Oft wiederholt, so 1545: Dialogi de sacris literis excerpti ad linguam moresque puerilis ætatis formandos non inutiles per Sebast. Castalionem. Basiliæ per Erasmum Xylotectum.

1545 *Jonas Propheta* heroico carmine latino descriptus Sebastiano Castalione autore, item

ΠΡΟΔΡΟΜΟΣ, sive Præcursor, id est Vita Joannis Baptistæ Græco carmine heroico reddita libris III ita eleganter, ut linguæ Græcæ ac pietatis ex æquo studiosis nihil possit esse lectu jucundius. Oporin.

1546? *Xenophontis* Oratoris et Historici opera quæ quidem græce exstant omnia duobus volum. distincta ac nunc primum a Sebast. Castalione a mendis quam plurimis repurgata et quam potuit fieri accuratissime recognita. Basil. ap. Isengrin.

1546 *Mosis* institutio Reipublicæ Græco-latina ex Josepho in gratiam puerorum decerpta ad discendam non solum Græcam verum etiam Latinam linguam una cum pietate ac religione, Basil.

Anno

1546 *Moses latinus* ex Hebræo factus et in eundem Præfatio qua multiplex ejus doctrina ostenditur et Annotationes in quibus translationis ratio sicubi opus est redditur et loci difficiliores explicantur per Seb. Castalionem. Basil. ap. Oporin.

Sibyllina oracula de Græco in Latinum conversa et in eadem Annotationes Seb. Castalione interprete. Basil.

Ecloga de nativitate Christi (in: Bucolicorum autores). Basil. ap. Oporin.

1547 *Psalterium* reliquaque sacrarum Literarum carmina et precationes cum argumentis et brevi difficiliorym locorum declaratione Seb. Castalione interprete. Basil. ap. Oporin.

1551 *Biblia*, Interprete Seb. Castalione. Una cum ejusdem Annotationibus. Typographus lectori: In recenti hac translatione, lector, fideliter expressam Hebrææ atque Græcæ sententiæ Veteris ac Novi Testamenti veritatem Latini sermonis puritate et perspicuitate servata es habiturus etc. Basil. ap. Oporin.

Psalmi Davidici XL (Odæ in Psalmos XL) Seb. Castalionis. Ejusdem in duo Mosis carmina Odæ II, (in: Pii graves atqne elegantes poëtæ aliquot, u. f. w.) Basil. ap. Oporin.

De Hæreticis an sint persequendi et omnino quomodo sit cum iis agendum Martini Lutheri Joanni Brentii aliorumque multorum tam veterum quam recentiorum sententiæ. Magdeb. ap. G. Rausch. (Gewöhnlich Martinus Bellius, oder Bellii farrago genannt; auch franzö= sisch erschienen: Traicté des Hérétiques. A savoir, si on les doit persécuter et comme on se doit conduire avec eux selon l'advis opinion et sentence de plusieurs autheurs tant anciens que modernes.

Conseil à la France désolée, auquel est montré la cause de la guerre présente et le remède qui y pour-

rait être mis et principalement est avisé si on doit
forcer les consciences.

Recueil latin de certains articles et arguments extraits
des livres de M. Jean Calvin (??).

Thucydides Laurentio Valla interprete nunc postremo
correctus et in Græcis innumeris locis emendatus
quemadmodum ex præfat. videre licet. Basil. ap.
H. Petri et Matern. Collinum (??).

Liber Jobi interprete Sebast. Castalione, Tremov. (??)

1555 *La Bible* nouvellement translatée avec la suite de
l'histoire depuis le temps d'Esdras jusqu'aux Maccabées et depuis les Maccabées jusqu'au Christ, item
avec des Annotacions sur les passages difficiles par
Sebastian Chateillon à Basle, par Jehan Hervage l'an
MDLV, mit Vorrede à très-preux et très-victorieux
prince Henri de Valois, second de ce nom, par la
Grâce de Dieu Roy de France.

Xenophon de republica Atheniensium, interprete Sebast.
Castalioni (in: Xenophontis opera omnia bei Brylinger, veranstaltet von M. J. Petri).

1556 *Novum Testamentum* interprete Sebast. Castalione cum
Annotationibus ejusdem, Basil. per Ludov. Lucium.

Interpretatio latina proverbiorum Salomonis et aliquot
Ecclesiastis capit. Basil.

1557 *Theologia germanica,* libellus aureus, quomodo sit
exuendus vetus homo induendusque novus ex ger-
manico anonymi equitis Teutonici translatus studio
Johannis Theophili. Basil. (Auch französisch: traité
du vieil et nouvel homme.)

1558 *Defensio* ad Autorem libelli cui titulus est Calumniæ
Nebulonis. Basil.

1559 *Herodoti Halicarnass.* Musæ interprete Laurentio Valla
et ejusdem libellus de vita Homeri interprete Con-
rado Heeresbachio. Utriusque translationem emen-
davit Sebast. Castalio. Basil. ex officina Hieronym.
Curionis.

1559 *Diodori Siculi* bibliothecæ historicæ libr. XV quorum quinque nunc primum latine eduntur. Sebast. Castalione totius operis correctore, partim interprete. Basil. ap. Henric. Petri.

1561 *Defensio* ad autorem libelli cui titulus est Calumniæ Nebulonis (?zweiter Theil??).

Homeri Opera græco-latina. — In hæc operam suam contulit Sebastianus Castalio, Basil. per Nicol. Brylinger. fol.

1562 *Sebast. Castal. defensio* suarum translationum bibliorum et maxime novi fœderis („scribebam partim 1557, partim 1561"). In qua eum in illis religiose contra quam a quibusdam traductus est versatum fuisse demonstratur, reprehensa diluuntur, multi difficiles loci enucleantur et insuper adversariorum errores ostenduntur. Antequam judices, cognosce.

1556 *Thomas a Kempis* de imitando Christo, e latino in latinum translatus a Seb. Castalione (lib. IV ift wegge= laffen).

1563 *Bernardi Ochini Senensis dialogi* XXX in duos libros divisi quorum primus est de Messia continetque dialogos XVIII, secundus est cum de rebus variis tum potissimum de Trinitate. Basil. ap. Oporinum.

Systema theolog. (de interpretatione scripturæ, de arte dubitandi et confidendi, ignorandi et sciendi. Manu= fcript.)

? *Cyrilli Alexandrini* libellus de exitu animæ et secundo ejus adventu, interpr. Seb. Castalione.

Posthuma:

1578 *Sebastiani Castellionis Dialogi IIII,* de prædestinatione, de electione, de libero arbitrio, de fide. Ejusdem opuscula quædam lectu dignissima quorum inscriptiones versa pagella ostendet, omnia nunc primum in lucem data. — Aresdorffii per Theophilum Philadelphum. Nach ben vier Dialogen bie Abhand= lung: An possit homo per spiritum sanctum perfecte

obedire legi Dei; hierauf: De prædestinatione scriptum Seb. Castell. ad D. Mart. Borrhaum; bann bie
defensio ad autorem libelli cui titulus Calumn. Nebulonis.

Beilagen.

I.

Castellio's Vertheidigungsschriften.
Vgl. p. 76.

Consuli et Senatui Basiliensi, Dominis suis clementissimis et colendis Sebastianus Castellio Salutem in Domino.

(Archiv des Rathhauses, Relig. Schr. St. 75. B. No. 2.)

(Mit der Unterschrift: Sebastianus Castellio hujus defensionis author, mea manu subscripsi anno 1563, die 24 Novembr. Die deutsche Vertheidigung ist ebenfalls von ihm unterzeichnet, vom 4. December 1563.)

Est mihi mei clementissimi Domini a Magnifico D. Rectore et caeteris Ecclesiæ doctoribus et pastoribus demonstratum quemadmodum vobis clementissimi mei Domini scriptæ fuerint literæ, in quibus ego gravissime accusarer: cujus accusationis partes essent duæ: Una ex libro Theodori Bezæ sumpta, altera super mea translatione Dialogorum Bernhardini Ochini. Ac mihi postulanti recitata est pars illa litterarum in qua ego accusabar et super ea interrogatus sum quid responderem. Respondi petere me ut, si fieri posset, mihi daretur ejus partis exemplar, ut scripto accusatus scripto responderem. Quod cum sibi nisi vestro permissu licere negassent et alioquin putarent, posse me ad ipsas criminationes, quæ in illis litteris allegarentur, respondere, sic facere statui et notatis ex illis literis numeris paginarum in quibus in libro Bezæ accusor, vobis adversus illas accusatoris mei criminationes, quantum eas recordari et comprehendere possum, hic paucis respondeo, paratus et ceteras ejusdem criminationes etiam publico scripto (sicuti publicis scriptis ab eo sum accusatus,) diluere. Quæso vos, clementissimi Domini mei, ut me causam dicentem eo animo audire dignemini, quo animo se quisque vestrum in simili casu vellet audiri.

Primum crimen est, quod sim libertinus, a quo crimine ego me tam procul abesse, quam procul cælum a terra distat, constantissime affirmo et innocentiæ meæ testes omnia scripta, dicta, recte intellecta et facta mea allego. Itaque ante omnia crimen hoc ut accusator meus probet peto: aut si non probat, eum calumniatorem esse dico et insuper si insontem accusasse non est ei religio, ipsummet libertinorum Hæresi affinem esse affirmo.

Secundum crimen est, quod sim Pelagianus et quod gratiam Dei et peccatum originis negaverim. Ad quod crimen ego idem quod ad primum respondeo et ut hoc quoque probet accusator, postulo, nam quod ad Bezæ scriptum attinet, in quo hoc ex eis, quæ ego in septimum caput epistolæ ad Romanos scripsi, probare conatur, dico eum sinistre interpretari scripta mea et ex eis illa velle elicere, quæ mihi nunquam venerunt in mentem, et hoc publico scripto probare sum paratus.

Tertium crimen est, quod ego sim omnium facinorosorum, hæreticorum, adulterorum, furum, homicidarum patronus, et quod eos tutos ab accusatoribus et iudicibus præstare velim, et quod nolim magistratum ullo modo sese negotiis religionis immiscere.

Et de hoc crimine idem quod de superioribus respondeo, videlicet falsissimum esse et ut id probet accusator, postulo. Ego vero me contrarium probaturum esse etiam ex scriptis meis spondeo. Omnino si sit opus testibus fide dignis planum faciam quosdam, qui de magistratu sinistre sentiebant, fuisse ab eo errore opera mea revocatos. Nam de magistratu omnino idem et semper sensi et sentio quod in sacris litteris et in Basiliensi confessione habetur, videlicet: Es hatt Gott der Oberkeit feiner Dienerin das Schweert und hösten ufferlichen Gewalt zeschirm ben guoten, Raach unb Straf ber bösen befolhen.

Atque illud addo, eam durare opportere etiam tempore

novi Testamenti, quamdiu erunt facinorosi homines qui sunt
puniendi, et qui ei potestati resistit, is Dei ordinationi resistit.

Quartum crimen est quod Castellio sit Papista et blas-
phema in Dei gratiam.

Et ad hoc crimen respondeo idem, quod ad superiora,
videlicet falsum esse, neque id ullum unquam mortalium esse
probaturum. · Nam tantum abest, ut sim Papista, ut a magnis
viris non semel magna mercede proposita et iam pridem et
non ita pridem sollicitatus ut ad ipsos migrarem, recusarim.
Quod vero in Dei gratiam blasphemum esse me dicit, hoc
quoque non minus quam illud falsum. Nam nos gratuito Dei
benificio per fidem in Christum justificari et servari semper
et credidi et docui et hoc etiam scripta mea palam testantur.

Quintum crimen quod Castellio sit Academicus et quod
habeat spiritum Anabaptisticium.

Academici erant philosophi quidam qui nihil sciri posse
dicebant ideoque nihil affirmabant. Ab hoc crimine ipsemet
Beza in hoc libro me maxime vindicat: ideo enim in me in
toto libro invehitur, quia multa affirmem quæ ipse a me af-
firmari indignatur. Quod vero de spiritu Anabaptistico scri-
bit, qualem spiritum habeant, aut quid de Dei verbo sentiant
aut scribant Anabaptistæ, ipsi viderint. Quid ego sentiam
aut scripserim libenter fatebor. Ego et scripsi et nunc scribo
et sentio, controversias quæ sunt inter Theologos de religione
non posse ex scriptura nisi simul adsit tum Christi spiritus
qui mentes aperiat, tum charitas, componi.

Atque illud addo, nisi operam dederimus, ut charitatem
habeamus, futurum esse ut quanto plus literæ habebimus,
tanto minus spiritus habeamus, tantoque magis inter nos in
dies dissideamus et in deterius abeamus. Neque non insuper
illud Pauli adjicio, si et hominum loquar et Angelorum linguis, neque charitate sim præditus, sum aes resonans aut cym-
balum tinniens: et si tantum divinationis habeam ut omnia
arcana scientiamque omnem teneam et si adeo omni sim fide
præditus, nihil sum: et si omnes meas facultates in libera-

litatem erogem et si vel meum corpus comburendum tradam
et tamen charitate non sim præditus, nihil proficio.

Hæc sunt quæ ego de Christi spiritu et charitate et
scripsi et scribo et sentio, tantum abest ut hoc crimen re-
formidem, ut hæc vera esse dicam, prouunciem, clamem, et
eventus ipse vera esse et hactenus docuit et deinceps doce-
bit. Nam sine Cbristi spiritu et charitate si quis has controversias componi posse sperat, eum perinde facere dico ac
si velit arenatum ex sola arena et calce sine aqua facere.
Illud addo, accusatorem meum hic sibi ipsi tripliciter contra-
dicere, nam si sum libertinus, non possum esse vel Papista
vel Anabaptista, sin Papista sum nec libertinus nec Anabaptista, aut si Anabaptista, nec libertinus nec Papista esse possum. Quippe cum hæ tres sectæ inter sese, addo etiam ab
Academicarum secta ipsæ omnes sicut aqua ab igni discre-
pant, id quod facile probarem, nisi id vestræ prudentiæ cogni-
tum esse mihi persuaderem.

Hæc sunt quæ mihi a Beza in illis de quibus dictum est
locis imposita sunt. Sunt et alia, mei clementissimi Domini, crimina, quæ mihi Beza et Calvinus imponunt: quorum unum
aut alterum (de quibus vos facillime etiam sine mea defen-
sione iudicare poteritis) obiter dicam. Unum est, quod ego
Biblia transtulerim impulsu instinctuque Diaboli. Cogitate
quam verisimiliter hæc scripserint. Alterum est, quod vicini
mei ligna harpagone rapuerim. Hinc cognoscite, mei clementissimi Domini, quales sint accusatores mei: nam si eorum
accusationi credetis, oportebit non solum me, verum etiam
vicinos tunc meos et piscatores multos, aliosque cives Basi-
lienses fortasse plus quam trecentos mecum dare furti pœnas,
quippe qui eidem ligna centies mecum palam harpagonibus
rapuerint. Hoc isti cum furtum palam publicatis toto orbe
libris interpretati fuerint, cogitate quales sint et in caeteris
interpretes, præsertim si quem oderint, nam mea scripta nihilo candidius profecto sunt interpretati, quam harpagonem.

Hæc et hujus generis alia multa (quæ de me scripserunt)
si vult probare meus accusator, prodeat coram vestro senatu

et ego coram eodem etiam verbis (utcumque Germanice vix etiam balbutiam) paratus sum causam dicere. Sin malam habet conscientiam meque putat non sibi privatim sed illis qui me publicatis libris accusarint publicatis libris respondere et Bezam cum hac transiret hac de re interpellare debuisse, scitote, mei clementissimi Domini, quo minus id fecerim hactenus per me non stetisse. Nam et tunc D. Coxium et porro cum eo D. Rectorem Simonem Sulcerum ea de re conveni et Bezam una cum illis nisi jam properans decessisset conventurus fui, et nunc paratus sum ad omnia quæ illi in suis scriptis imposuerunt crimina publico scripto respondere, atque adeo a vobis mei clementissimi Domini ut hoc permittatis (postquam sic accusor) obnixe peto. Aut si hoc non impetro, at illud saltem peto, ut mihi, si respondere non permittitur, tacere ne sit fraudi. Quod si illi sunt sibi bene conscii, compareant ipsi Beza et Calvinus et omnia quæ contra me crimina literis mandarunt, coram vobis, meis judicibus, probent et ego vobis (ut intelligatis, quantum meæ causæ bonitati confidam) si illa probaverint meum caput ad justum supplicium ultro offero. Non debebunt autem (nisi sibi male conscii sunt) Basiliense tribunal reformidare, qui illa toto mundo publicare non reformidarunt: sin minus probaverint, (ut certe nunquam probabunt) æquum erit, ut pro calumniatoribus habeantur.

Spero vos, mei clementissimi Domini, Dei in hoc negotio vicarios, in hac causa, sicut hactenus et in caeterorum et in mea ipsius causa fecistis, adhibituros esse eam prudentiam, afflante vos spiritu veritatis, ut nihil nisi re probe perspecta pronuncietis. Magni sunt et potentes accusatores mei: sed et potentes Deus, qui personarum rationem non habet, de solio dejicit. Ego vero sum humilis homuncio, sed et humiles respicit Deus et eorum sanguinem, si injuste funditur, ulciscitur. Labi facile est, et vulnus uno momento facile infligit unus vir malus quod deinde centum boni medici multis annis sanare non possunt.

O Deus, qui et meam et adversariorum meorum corda nosti, surge et judica causam meam.

Quod ad accusationis partem secundam attinet, videlicet, quod Bernardini Ochini dialogos transtulerim, non puto id mihi fraudi esse debere: transtuli enim (sicut et alia ejusdem opera transtuleram) non ut judex, sed ut translator, et ex ejusmodi opera ad alendam familiam quaestum facere solitus. Et Typographus dixit se librum obtulisse Rectori, eumque secundum Basiliensia instituta fuisse censura approbatum.

Sebaſtiani Caſtalionis Antwurt uff ettliche Artikel ſo im von dem hochgelerten und eerwürdigen Rectore und den andern fürnemſten Herren der hohen Schul zu Baſel ſind fürgehalten worden.

Ich han vernommen, man habe mich vor meinen gnädigen Herren verklaget, von wegen der nechſten gehaltenen Diſputation, wie das ich in derſelbigen das Anſehen und Würde des heiligen Apoſtel Pauli heige verleſteret und znütte gemacht. Diewil ich aber uff ſolche Anklage bin angefordert und geheißen ich ſolle mich derſelbigen verantwurten, ſo thue ich das uff das einfältigeſt mit kurtzen Worten alſo:

Zum aller erſten was ich in derſelbigen Diſputation geredt oder gehandelt hab iſt mein beger, man wölle die hören, die ſelbs dorbei zugegen geſein ſind.

Zum andern, ſo vil die zwen Artikel antrifft, von welker wegen ich mich verantwurten ſoll, ſo thue ich daſſelbige hie und gib Antwurt gleich wie in der obgemeldten Diſputation.

Uff den erſten Artikel von der Achtung des heiligen Apoſtels Pauli halt ich und beken, hie wie allwegen, den heiligen Paulum für ein Apoſtel und Diener Jeſu Chriſti unſeres Herren, auch das alle ſeine Epiſteln nit us eigenem Witz oder Veruunfft, ſon=
dern us Kraft und Angäbung des heiligen Geiſtes ſeigen geſchry=
ben, welche ich ſo groß und heilig acht, das ich nach der Lehr, ſo darin begriffen, begären zu leben, auch dieſelbigen zu bekennen biß in tod bereittet.

Bin auch gar nit der Meinung, weder ietz noch vormals, daß er nit einhelligklich mit dem Profeten Malachia (oder anbe=

ren Profeten) mitstimme, sonders ich beken, das er in allen Din=
gen gantz und gar mit aller profetischer und apostolischer Lehr
glich gesinnet seige. So aber etwan sy ungleicher Meinung ge=
achtet möchten werden, so ist es on Zweiffel nit ihr schuld, son=
ders onsers Mißverstandes.

Zum andern Artikel von der Erwöllung Gottes und Ver=
schupfung,

So beken ich noch jetz (wie dozumal), das die Frommen
und Gottseligen als die rechten Kinder Gottes, allein uß lauterer
Güte, Gnad und Barmhertzigkeit des himmlischen Vatters, on
ihren Verdienst und Genugthun, durch Jesum Christum erhalten
und ze Gnaden uffgenommen werden, das hab ich bishär glaubt
und bekent: glaub und beken es noch heuttiges Tags, wie es in
der Bekantnuß unserer Kilken zu Basel heitter würd usbrucht
mit disen Wortten: Das gott vor uns ee er die Welt erschaffen
alle die erwelt habe, die er mit dem Erb ewiger Säligkeit wil
begaben.

So vil aber die gottlosen und bösen antrifft, das dieselbigen
on und vor ihrer Sünd von Gott dem Herren gehassen und ver=
stoßen seigen, so ich dasselbige nit fassen, beger, das ich in disem
gedulbet werde umb Christi willen. Dan so iemand anders hal=
tet, den wil ich nit verdammen. Ich unterstand auch gar nit
die Kilken zu verwirren, sonders bin gesinnet, mitt inen als ein
recht Glied und kind der Christenlichen Kilken einhelligklich zläben
mit Jedermann als Christen wol anstadt, zu friden und ruwen
zu sein. Begär auch allwegen, nach meinem Vermögen und so
vil der Herr Gnad gibt, den Nutz und Wolfart der Kilchen Got=
tes und eerlichen Stadt Basel zu fürderen.

II.
Zeugniß Calvin's.

Cum Sebastianus Castalio scholæ nostræ hactenus præfuisset: missionem petiit a Senatu ac impetravit. Ista enim
lege susceperat hanc provinciam, ut sibi integrum foret, eam

relinquere, si post aliquod temporis spatium nimis sibi incommodam esse ac gravem expertus foret. Nunc, quoniam alio migrare habebat in animo: testimonium a nobis petiit anteactæ vitæ, quod illi non esse denegandum censuimus. Hoc ergo breviter testamur, talem fuisse a nobis habitum, ut nostro omnium consensu jam ad munus pastorale destinatus esset, nisi obstitisset una causa. Nam cum ex more inquireremus, num in tota doctrinæ summa inter nos et illum conveniret, duo esse respondit, in quibus non posset nobiscum sentire: *Quod Salomonis Canticum sacris libris adscriberemus: et quod descensum Christi ad inferos acciperemus in catechismo pro eo, quem sustinuit, conscientiæ horrore, cum pro nobis sisteret se ad Dei tribunal, ut peccata nostra, poenam ac maledictionem in se transferendo, sua morte expiaret.* Quantum ad hoc posterius spectat, quin pia esset ac sancta doctrina, quam profitemur, non negabat: de eo tantum erat controversia, num sic intelligendus esset hic locus. Primum rationibus conati sumus eum adducere in nostram sententiam: quæ contra objecit argumenta refutavimus, ut potuimus. Cum nihil hoc modo proficeremus, inita tandem a nobis fuit alia ratio. Ostendimus symbolum fidei non alio pertinere, neque in alium fuisse finem compositum, nisi ut extaret brevis ac simplex christianismi summa, quæ et sanam doctrinam contineret, et populum doceret de rebus maxime ad salutem necessariis. Sufficere ergo illi debere, si nonnisi sanam piamque doctrinam haberet nostra expositio, et ad ædificationem apta esset. Neque enim nos improbare ecclesius, quæ secus interpretarentur. Tantum id nobis curæ esse, ne quod ex variis expositionibus grave malum nasceretur. *Respondit, nolle se recipere, quod præstare, nisi repugnante conscientia, non posset.* Verum præcipuum nobis certamen de Cantico fuit. Existimat enim lascivum et obscoenum esse carmen, quo Salomo impudicos suos amores descripserit. Principio obtestati eum sumus, ut ne perpetuum universæ ecclesiæ consensum temere pro nihilo duceret. Nullum dubiæ fidei librum esse, de quo non fuerit mota olim et agitata aliqua disceptatio. Quin etiam ex iis, quibus certam auctoritatem nunc deferimus, quosdam non fuisse initio absque controversia receptos: hunc a nemine palam fuisse unquam repudiatum. Obtestati quoque sumus, ne suo judicio plus æquo arrogaret: præsertim cum nihil proponeret, quod non omnes ante eum natum vidissent. Quod argumentum attinet, admonuimus formam esse Epithalamii, alteri non absimilem, quæ Ps. 45. habetur. Nec omnino quicquam interesse, nisi quod quæ hic in genere breviter dicuntur, fusius et quasi minutatim explicantur in Cantico. Decantari enim in Psalmo Salomonis pulchritudinem et sponsæ ornatum, ita ut res respondeat: discrimen in sola dictionis figura esse. Cum haec nullius apud eum momenti essent, consultavimus inter nos, quidnam opus esset facto. Una omnium sententia fuit, periculosum et mali exempli fore, si ad ministerium cum hac conditione admitteretur. Bonos enim primum non leviter offensum iri, si audiant, ministrum esse a nobis creatum, qui librum, quem in sacrorum librorum catalogo habeant omnes ecclesiæ, respuere se ac damnare palam profiteatur. Malis et improbis, qui et infamandi Evangelii et hujus ecclesiæ lacerandæ occasionem captant, ita fenestram per nos apertam iri. Postremo hac lege nos obstrictum iri in posterum, ne cui alteri vitio vertamus, si aut Ecclesiasten, aut Proverbia, aut unumquemque librum ex reliquis repudiet: nisi forte in hoc certamen descendere libeat, quis Spiritu S. dignus sit, aut indignus. Ne quis ergo aliud quidpiam causæ esse suspicetur, cur a nobis discedat Sebastianus: hoc quocunque venerit, testatum esse volumus, scholæ magisterio *sponte* se abdicavit. In eo ita se gesserat, ut sacro hoc ministerio dignum judicaremus. Quo minus autem receptus fuerit, non aliqua vitæ macula, non impium aliquod in fidei nostræ capitibus dogma, sed haec una, quam exposuimus, causa obstitit.

Ministri Ecclesiæ Genevensis;

Johannes Calvinus omnium nomine ac mandato subscripsi.

Anmerkungen und Belege.

1) Sebaſtian Caſtellio — Lebensgeſchichte — beſchrieben von J. Conr. Füeßlin. Frankfurt und Leipzig 1775. 8⁰. 104 S. Dasſelbe Werkchen (wenigſtens dem Hauptinhalt nach) iſt auch lateiniſch erſchienen (vita Sebastiani Castellionis, Theologi rari exempli, conscripta a J. Conr. Füesslino) in der Biblioth. Hagana cl. III. fasc. II et fasc. III.

2) Streuber, Baslerisches Taſchenbuch für 1852, p. 181—191. Was ſein Bildniß betrifft, ſo ſagt Füeßlin, man habe es zu Baſel nicht gefunden (p. 102). Woher Streuber das ſeinige hat, kann ich nicht beſtimmen, vielleicht aus der Frankfurter Bibel von 1697, vielleicht aus Meiſter (Helvet. berühmte Männer I, 175) der ein von H. Pfenninger ausgeführtes Porträt unſeres Gelehrten liefert. Die beſte Auskunft vermöchte wohl darüber zu ertheilen Herr Bibliothekar Benedikt Meyer in Baſel, in dieſem Fach ein eifriger Sammler und Kenner, dem auch für vaterländiſches Ge= lehrtenweſen eine Fülle ſelbſtgeſammelter Litteratur zu Gebote ſteht. Die liberale Mittheilung mancher auf Caſtellio bezüglichen Notiz verdankt hiemit der Verfaſſer öffentlich auf's beſte.

3) Einzelnes ſchon bei Streuber; ferner beſitzt die hieſige öffentliche Bibliothek in ihrer voluminöſen Brieffammlung auch einen Fascifel Briefe von Caſtellio (f. Catalog. Fol. 57 varior. ad Sebast. Castalionem epist. 32), allerdings meiſt unbedeutender Natur und der Mehrzahl nach ſo ſchwer lesbar, daß der Ver= faſſer dieſer Arbeit ſeinen Augen zu lieb manches ungeleſen laſſen mußte. — Außerdem ſind folgende Werke hauptſächlich zu Rathe gezogen worden (natürlich können hier nicht alle Schriften erwähnt

werden, welche gelegentlich auf Castellio zu sprechen kommen; diese werden jeweilen gehörigen Ortes angeführt werden):

Ant. Teissier, les éloges des hommes savants tiréz de l'histoire de Monsieur de Thou. Leyden 1715.

Christophor. Saxii onomasticon litter. Traj. ad Rhen. 1780.

Frid. Gotth. Freytag, adparatus litterar. Lips. 1752.

Jöcher, allgemeines Gelehrten-Lericon. 1750.

Adolphi Clarmundi vitæ clarissimorum in re litter. viror. Wittenberg 1708.

Thomas Pope Blount, censura celebr. autorum. Genev. 1710.

Bayle, diction. encyclopédique.

Arnold, Kirchen= und Ketzerhistorie XVI. 22—31.

Scaligerana.

Herzog, Athenæ rauricæ.

Hottinger, Helvetische Kirchengeschichte III, p. 749, 872 ff.

H. J. Leu, allgemein schweizerisches Lericon. Zürich 1751.

Louis Moreri, grand dictionn. historique.

J. C. Iselin, hist. u. geogr. Lericon. Basel 1720.

Dictionnaire historique, 1820, I, p. 508 (wörtlich derselbe Ar= tikel wie im Dictionn. encyclopédique).

Biographie universelle.

Meister, Helvetiens ber. Männer, 2. Auflage, Bd. I, p. 175 ff.

Hannöv. Magazin, Nachlese zu Sebast. Castellio's, Prof. der griech. Sprache zu Basel, Leben und Schriften. 1760, t. I und 1763, p. 289—316.

Lettres sur Sébast. Castallion im Journal helvétique, 1776 Mai, p. 79—90.

Georg Lizel, histor. poet. graec. german. 1730. p. 51—55.

Colomesius, Italia orient. 99—104.

Gerdes, Specimen Italiæ reform. 213—216.

Wöchentlicher Anzeiger von Zürich, 1766, p. 559—564, 583—589.

Arnold, Vorbericht über Castellio's Büchlein Verläumbung der Bösen u. s. w. Frankfurt 1696.

Hocker, Biblioth. Heilsbronn. p. 184.

Le Long, biblioth. sacra, t. I, p. 588, t. II, p. 565.

Dupin, auteurs séparés, t. I, pars II, 567—569, 791—792.

Allgemeine theol. Bibliothek XI, 1—9.

Schuler, Thaten und Sitten der Eidgenossen.

Haag, la France protestante.

Hagenbach, Reformationsgeschichte Bd. II, p. 280.

Herzog's theolog. Encyclopädie sub voce.

A. Schweizer, Centraldogmen, t. I, p. 310—374.

J. E. Beck, b. gelehrte Basel (Manuscript).

Haller, Biblioth. der Schweizergeschichte II, 638.

Rudin, vitæ profess. Basil. (Manuscript.)

4) Ritter's geogr. Lericon. — Adrien Guibert, Dictionn. géogr. et statist. Paris 1850.

5) (Das Land der Allobrogen) „auf der Ostseite der Rhone... im nördlichen Theile der Dauphiné in Savoyen, dem auch Genf gehörte“ (Billerbeck, alte Geographie). — „Zwischen Isère und Rhone, dem Genfersee und den grajischen Alpen“ (Kraft, Real-lericon). Pope Blount (nach Sammarthanus, einem Zeitgenossen Castellio's): „ex asperis et salebrosis Allobrogum montibus.“

6) Hannöversches Magazin, erster Jahrgang, p. 290 ff.

7) P. Cherleri... epitaphia seu elegiæ funebres. Basil. 1565; Wurstisen epit. histor. Basil. p. 110 (in den scriptor. min. rer. Basil. 1752).

8) Er wendet eine Stelle Cäsar's aus dem „gallischen Kriege“ über die Sucht zu klatschen und Neues zu erfahren an und sagt: Quod jam ejus dictum *vobis Gallis* magnopere est attendendum. Wenn er nichtsdestoweniger von Zeitgenossen (Sammarth.) Gallus genannt wird, wenn das Promotionenbuch der Basler Universität vom Jahr 1553 p. 93 ihn ebenfalls als Gallus aufführt, so ist diese Bezeichnung nicht in geographischer oder historischer Strenge zu nehmen. Nennt sich doch Castellio selber in der Dedication seiner französ. Bibelübersetzung an König Heinrich II von Frankreich dessen „ sujet “ (obwohl hier neben der schwankenden Beziehungsweise noch ein anderer Erklärungs-grund nahe liegt). Das Matrikelbuch derselben Universität (vom Jahr 1554) nennt ihn Sabaudus Burgiensis diœcesis; Streuber im oben angef. Taschenbuch S. 183 bemerkt schon, daß „Bourg en Bresse nach damaliger Ausdrucksweise zu Savoyen gerechnet wer=

den konnte". Eher vielleicht: zu Frankreich. Das Verhältniß zwischen Frankreich und Savoyen war eben damals schon ein vielfach schwankendes, oft alterirtes, worüber jedes ausführlichere Geschichtswerk Auskunft gibt, vgl. auch Büsching, Erdbeschreibung, Frankreich p. 559 und 560.

9) Im Bulletin de l'institut Genevois, das ein Memoire des Professor Bétant „sur le Collège de Rive" enthält mit der Angabe: Chastillon, natif de St. Martin du Fresne près de Nantua, Régent au Collège de Rive.... (Register des kleinen Raths von Genf unterm 5. April 1542.)

10) Noch A. Schweizer „die protestant. Centraldogmen", meint, „kein Zweifel, daß der Name (Castellio) vom Geburtsort hergeleitet ist." — Und merkwürdiger Weise ist dieß schon die Meinung des J. J. Grynäus, eines jüngeren Zeitgenossen und Bekannten Castellio's (Brief im hiesigen Antistitium vom Juli 1600): ....fuit illi cognomen non a fonte poetico sed a natali apud Allobrogas comopoli. Auch Castellio's Verwandte (Brüder) nennen sich übrigens Chateillon (in Briefen auf der Bibliothek).*)

11) Jenes St. Martin du Fresne heißt „village et commune du département de l'Ain", mit einer Bevölkerung von 1000 Seelen. Hauptstadt des Departement ist eben jenes Bourg „capitale de la ci-devant province de Bresse", und die Landschaft Bresse „forme maintenant la majeure partie du département de l'Ain". Nun liegen im gleichen Departement zwei Flecken Chatillon, Châtillou en Michailles und Châtillon les Dombes! Ohne Zweifel ist nun jenes erste gemeint, wenn Chatillon als Geburtsort angegeben wird; es liegt 4 Stunden von Nantua, also nicht in großer Entfernung von St. Martin du Frèsne; das andere liegt schon weiter. Vgl. Barbichon, dictionnaire de tous les lieux de la France.

---

*) Castalio — wie sich Sebastian nannte — gab es nicht nur zu jener Zeit noch andere, z. B. einen J. Franciscus Castalio Locarnensis, welchen Beza (epist. p. 205) empfiehlt, sondern auch später z. B. Joseph Castiglione (lateinisch Castalio), den Herzog (Ath. Raur.) mit dem unsrigen verwechselt, wenn er dem Sebastian eine Ausgabe des itinerarium von Antilius zuschreibt.

12) J. C. Zeltner, correctorum in typograph. erudit. cent. p. 389.

13) Clarmund IV, p. 42; Gerdes p. 214; P. Cherleri epitaph.

14) Ephorus fit Lugduni trigæ nobilium, Rudin.

15) Cherler a. a. O. Atque ipsum juvenem quamvis Aca-
demia nulla
Viderit optato condideritque sinu,
Sic tamen Aonias alto caput ipse per artes
Extulit, etc.

16) Merkwürdig ift, daß er felbft (in der defensio ad autorem libelli cui nomen est calumniæ nebulonis) erklärt, Caftellio fei fein „cognomen" — aber doch auch wieder „patrium
nomen" — gewefen. Sollte ein früherer Aufenthalt feiner Familie in Chatillon den Familiennamen Caftellio begründet haben? Seine Nachkommen übrigens nahmen den Namen Caftalio
wieder auf.

17) In der eben erwähnten Defensio.

18) Seine Feinde haben jenen jugendlichen Fehler — wenn
es überhaupt einer ift, fich als „μουσαπάταγος" zu fühlen, wie
Caftellio dieß ausdrückt, um fich als folcher durch jenen Namen
kenntlich zu machen — mehr als ausgebeutet, um feinen Charakter zu verdächtigen.

19) C. Schmidt, vie de Jean Sturm, p. 48.

20) Daß ihm Calvin fchon im Jahr 1540 die Stelle in
Genf verfchaffte, wie Senebier fagt, ift unmöglich.

21) „Quaero ex te, qua conscientia postea ludo litterario me præfeceritis et *multum recusantem* pertraxeritis tu
et una duo tui summi amici et summæ in Sabaudia autoritatis
viri concionatores" Castell. in defens. — Senebier, histoire
de Genève I, 196 „Calvin lui procura une place de *régent*
à Genève.

22) Bulletin de l'Institut Genevois 1855.

23) Régistres, 14 Janvier 1544.

24) Die Schule felbft war noch unter Caftellio's Rectorat
mangelhaft eingerichtet, daher fchon 1542 Calvin einen Vorfchlag

machte zu durchgreifender Verbesserung derselben und zur Grün=
dung einer Academie, welcher Vorschlag aber erst 1558 im Rathe
durchgieng und im Jahr 1559 ausgeführt wurde. Bei der Grün=
dung der Genfer Academie heißt es in der „ordre, quant aux
régents du collège": Que les ministres de la parolle de Dieu
et les Professeurs aient à eslire en bonne conscience gens
suffisans pour enseigner en chascune classe. Zwischen principal und recteur wird ein Unterschied gemacht. Selbst der
recteur soll „s'il est besoin de plus grande authorité, en re-
mettre la décision aux ministres de la parolle sauf toujours
ce qui appartient au magistrat". Alle „auditeurs", welche
wünschen Schüler zu werden, haben beim Rector das Glaubens=
bekenntniß zu unterschreiben. Dieser selbst wird gewählt (prins et
choisi) de la compagnie des ministres et professeurs et élu
par bon accord de tous. In dem Glaubensbekenntniß hieß es:
...nous naissons en péché original et sommes tous maudicts
de Dieu et damnéz dès le ventre de la mère, non pas seule-
ment par la faute d'autrui, mais à cause de la malignité qui
est en nous u. s. w. Ferner mußte jeder geloben: qu'il déteste
ceux qui nous attribuent quelque franc arbitre pour espérer
à bien pour nous préparer à estre en la grace de Dieu ou
coopérer comme de nous mêsmes à la vertu qui nous est
donnée par le saint Esprit. Alle Secten, alle Irrthümer des
Papstthums werden darin detestirt.

Das Colleg hatte sieben Classen, vom Buchstabiren hinauf
bis zur Rhetorik und lateinischen Declamation. In den lateinisch
verfaßten leges Academiæ Genevensis heißen die Régens: præ-
ceptores Gymnasii, der principal heißt ludi magister, hierauf
folgen die publici professores, einer fürs Hebräische, einer fürs
Griechische und zwei Theologen. — Man sieht, die Theologie
ließ sich damals nicht schwach finden! — Unter den Schülern
befanden sich auch Basler.

25) Das Bulletin de l'Institut Genevois nennt das Jahr
1543, Henry, Calvin's Leben II, 383, für dieselbe Sache das
Jahr 1544. Bei Beiden sind die authentischen Aktenstücke die=
selben.

26) Henry l. l. aus ben Aften: Janvier 28. Sur ce que Mr. Calvin et Mr. Bastien Chatillon entre eux sont en dubie sur l'approbation du livre de Salomon, lequel Mr. Calvin approuve saint et le dit Bastien le répudie disant, que quand il fit le chapitre VII il était en folie et conduit par mondanité et non par le saint Esprit.

27) „Qu'il laisse le livre pour tel qu'il est.“

28) D. h. unter ben Prebigern.

29) „Also ber Rath ganz auf Calvin's Seite“ meint Henry bazu.

30) „Laſſet uns als Diener Gottes beweiſen in großer Geduld“ u. ſ. w.

31) Sein Nachfolger hatte 400 fl. jährlich mit ber Verpflichtung, auf ſeine Koſten zwei Unterlehrer zu halten. (Die Schüler bezahlten kein Schulgeld.)

32) Beza, „Histoire de la vie et de la mort du feu Mr. Jean Calvin“....: Il desgorgea publiquement mille injures contre les pasteurs de cette Eglise. La justice lui ordonna de sortir de la ville après avoir recognu sa faute. Ganz ähnlich in besſelben vita Calvini.

33) Histoire littéraire de Genève I, 196... Il insulta si grossièrement les ministres de Genève, que le conseil le déposa du saint ministère et lui ôta la place de régent. Castellion se retira à Bâle.

34) Histoire de Genève, lib. III, 39 seqq... Il fut déposé et se retira à Bâle. Aber bas Präcebens iſt ungenau: Il reprenait le cantique de Salomon comme profane et impudique et n'approuvait pas l'intreprétation des ministres touchant la descente de Jésus Christ aux Enfers, *dont étant repris dans une congrégation il accusa les ministres d'orgueil, d'impatience et d'autres vices* u. ſ. w.

35) Kirchengeſchichte ber Schweiz p. 749 ff.: „beßwegen hat ihn ber Rath abgeſetzt, worauf er gen Baſel gezogen. Ob ein ſolcher Mann angeprieſen werben möge, baß er gewiſſe Proben ber Reblichkeit gegeben ..... ober ob beßwegen .... Caſtalionis Meriten in ber Kirch ſo groß unb ihm bas Lob eines wahren Eife-

rers für Christum, seine Ehr und Wahrheit gebühre, stellen wir dem liebreichen Leser zu bedenken heim." Am Ende seines Räsonnements meint er, es „wären noch mehrere schwarze Farben in dieses Mannes Wappen zu bringen."

36) Trechsel, die Antitrinitarier I, p. 208 ff.

37) Abgedruckt in Herzogs Athenæ rauricæ p. 355 seqq. (kein Anekdoton vor Henry, wie dieser meint). Beilage Nr. 2.

38) Vgl. daselbst: Cum Sebastianus Castalio scholæ nostræ hactenus præfuisset, *missionem petiit* a senatu ac impetravit und gegen Ende: hoc, quocunque venerit testatum esse volumus: scholæ magisterio *sponte* se abdicavit.

39) Castell. defensio....: „Cur, postquam deinde in ludo litterario circiter triennium præfui, tu mihi scriptum et tua manu subsignatum testimonium dederis innocenter actæ vitæ? nam id testimonium ego adhuc habeo casu repertum domi.

40) .... faveo ingenio ac doctrinæ, tantum vellem illud conjunctum esset cum meliore judicio. Mscript. Genev. bei Henry, Beilage.

41) Henry I, 464 seqq., der die Uebersetzung Calvin's „nicht aus einem Guß und aus einem Gemüthe" nennt.

42) Schlosser, Leben Beza's p. 54 ff. (Brief Calvin's an Viret ex Mscripto Gothano). Auch Beza in der vita Calvini schreibt dieser Geschichte Einfluß zu auf das Verhältniß beider Männer; er sagt von Castellio: „indignatus quod suas ineptias in Gallica novi testamenti versione Calvino non probasset, eo usque efferbuit, ut" cet.

43) Mscript. (Castellio's?) in Amsterdam vom Jahr 1562 und 1563, siehe journal helvétique 1776 p. 79—90. Senebier, hist. littér. de Genève I, 196 sagt, Calvin habe die „lateinische" Uebersetzung der Bibel getadelt.

44) Hottinger Kirchengeschichte p. 749, Herzog Ath. raur. p. 355 u. a. m., augenscheinlich nach Beza in der vita Calvini.

45) Spon, hist. de Genève, lib. III, p. 39 seqq.

46) Wessen Critik sich freilich bestechen läßt durch A. Clarmunds Angabe, für den haben wir allerdings keine Argumente. (Zudem ist körperliche, soldatische Tapferkeit himmelweit verschie-

ben von einem Muth, wie er in dem oben angeführten Fall er-
fordert wird.) Clarmund nämlich schreibt p. 43: Viel Courage
hat er (Castellio) eben auch nicht gehabt. Denn als er eins-
mahls von seinem Feinde attaquiret wurde, so wehrte er sich
fast im Geringsten nicht, sondern ließ sich brav abprügeln. Als
sich nun seine guten Freunde darüber mouquirten, so gab er
zur Antwort: „weil sein Degen kein Blut sehen könne, so liebte
er den Frieden mehr als den Krieg." Er....trug seinen Degen
selten, wie er denn ganz eingerostet war in der Scheide. —

Beza's Darstellung jener Vorgänge während der Pest ist die
Quelle aller ungünstigen Beurtheilungen Castellio's in dieser
Sache gewesen; sie kann aber, als von einem Todfeinde stam-
mend, schlechterdings nicht als Quelle gelten, so wenig als irgend
etwas, was Beza gegen Castellio geschrieben hat.*)

47) „Exotica quædam docere non contentus" und „ἰδιο-
γνώμων" (Beza vit. Calvini, vor dem ersten Band der opera
Calvini, Genf 1617.)

48) Merkwürdig ist, daß in der posthumen Ausgabe der
Bibelübersetzung (bei Perna) das Hohelied mit einer kleinen Vorrede
erscheint, worin die Allegorie mit der Kirche Christi angedeutet ist;
die früheren bei Oporin erschienenen Ausgaben entbehren desselben.

49) E. Stähelin I, p. 377.

50) Henry II, 383 seqq.

51) Moreri, le grand dictionnaire historique s. v.
Rubin gibt das Jahr 1545 an. Herzog dagegen nennt 1544.

52) Trechsel, Antitrinitarier I, p. 263. — Der später zu
erwähnende Zerkinden in Bern schreibt an Castellio auf das
Gerücht hin, dieser sei wegen „ungeheurer Ketzerei" aus Basel
vertrieben worden: credere non potui propter singularem tuam

---

*) Der Herausgeber von Calvin's Briefen, Bonnet, sagt in einer An-
merkung (I, p. 69) in Bezug auf diese Sache: Castellion, désigné le pre-
mier par le sort, déclina lâchement ce périlleux honneur u. s. w.
J. J. Grynäus schon theilt die gewöhnliche Auffassung: Peste grassante
quum sortito illi obtigisset munus infectos adeundi, humani aliquid
passus discessit et ad nos rediit. Also diese Weigerung wäre Grund
seines Weggangs! Dieß ist doch entschieden ungenau.

pietatem et magistratus vestri eximiam moderationem judiciorum.

53) Fechter, Thomas und Felix Plater p. 186.

Schuler, Thaten u. Sitten d. a. Eidg. II, 241 bemerkt: „Basel hatte eine bestimmte Bannordnung zur Ausschließung Irrgläubiger und hartnäckig Unsittlicher von der Gemeinschaft der Kirche. ...Castellio beförderte einen freieren, duldsameren Geist." Wenn aber die Praxis in jenen Dingen nicht meist milde gewesen wäre, hätte Castellio Basel nicht gewählt.

54) Dießmal ist die hochtönende und geschnörkelte Schreibart Herzogs in ihrem Recht: quatuor filiis filiabusque *obrutus!*

55) Journal helvétique p. 23 (April).

56) *Cherleri epitaph. Castal.* Nec pudor interdum pisces captare sub undis

Nec pudor et rastris findere pingue solum. *)

57) Briefe an **Arguerius**, „ministre de Héricourt," der ihm auf Bestellung Safferuzwiebeln, Saffernreben, Zuckerrüben u. a. zusendet.

58) Hugo Grotius sagt: qu'il se trouva réduit à une si grande extrémité par la fureur de ces adversaires qu'il fut obligé de gagner sa vie en *sciant du bois.*

59) Vgl. Castellio, defensio contra calumnias u. s. w. (auch die auf dem Rathhause (St. 75 B. Nr. 2) aufbewahrte Vertheidigungsschrift desselben, s. Beilage). — Rubin — Herzog.

60) Journal helvétique. Avril p. 23 seqq. **)

---

*) Glarmund hat folgende Notiz, deren Glaubwürdigkeit mehr als problematisch ist: „Er kaufte sich ein Landgut an nicht weit von Basel; auf demselben hielt er sich zum öftern auf, ja sonderlich im Sommer reiste er ab und zu, er half selbst mit arbeiten und behalf sich genau hin. In seinem Garten auf dem Landgut hat er die meisten Beete selbst gegraben, viel Bäume hat er mit eigener Hand gepflanzt u. s. w." Jöcher seinerseits läßt den Castellio auf einem „Vorwerk vor der Stadt" leben. Sollte schon damals die Sitte bestanden haben, daß die Regierung gegen einen jährlichen Zins einzelnen Einwohnern das Terrain des Stadtgrabens zur Benutzung überließ? — Zur Wohnung keinesfalls.

**) Glarmund sagt sehr naiv: Bei Tage that er eben nicht viel, am meisten studirte er des Morgens und des Abends!

61) In der Vorrede zur Uebersetzung des neuen Testaments.

62) Herzog Ath. raur. p. 357 und Streuber im Taschenbuch p. 75, der „von bedeutenden Unterstützungen“ spricht.

63) Brief an Castellio in der oben angeführten Sammlung.

64) Briefe ebendaselbst aus den Jahren 1559 und 1562 von ZerKinden in Bern:… Lausannæ schola prorsus jacet. — Serva, si potes, utriusque pueri studia u. s. w. Und wieder: puerum deducam quam primum meliuscule habuerit…… Si lecti emptio te forte gravat, hoc age ut ego veniens reperiam venalem. Auch Amerbach hatte ihm, wie wir aus der Widmung des Psalteriums ersehen, seinen Sohn Basilius ins Haus gegeben zur Unterweisung. — „Il donna à Bâle des leçons particulières à quelques jeunes gens.“ Journal helvét. ll.. p. 23.

65) Haag: la France protestante, III, s. v. Castellio. Diese „Dialogi sacri“ kamen schon zu Lyon heraus (f. Inder der Sorbonne) A. 1540; ferner in Genf „en latin et en français“ 1542, und die Fortsetzung in zwei Büchern (diese nur lateinisch, dialogorum liber secundus et tertius per Seb. Castalionem) im Jahr 1543. — Also ist die Basler-Ausgabe von 1545 nicht die erste! vgl. oben im Verzeichniß sämmtlicher Schriften Castellio's — (auch b. Bulletin de l'Institut Genèvois von 1855).

66) „Verbum fere de verbo reddidi…… Id quod eo consilio feci ut neque in re augusta, ubi sit religiose ingrediendum, nimiam licentiam viderer ursurpare, cett.“

66) Castell. defensio contra calumnias Calvini: Sciunt qui me norunt sacrarum litterarum studium a me semper tanti fuisse habitum ut caetera studia cum hoc collata apud me vilescant et huic ancillari debere videantur, sicut revera debent.

66) Durch Christ. Iselin, mit einer Vorrede, worin der Herausgeber die Latinität Castellio's beurtheilt und der Schönheit und Correctheit derselben, sowie der scropulösen Gewissenhaftigkeit, womit sie gehandhabt wurde, alles Lob spendet, dieß alles aber in einem Latein, dessen ungefüge Schwerfälligkeit und Aufgedunsenheit bei dem Schüler wieder verderben konnte, was Castellio genützt hatte.

69) Biblia, Interprete Sebast. Castalione..... *latini sermonis puritate et perspicuitate servata.....*

70) Wurstisen, epit. hist. Basil. (in script. minor. rer. Basil. 1752) p. 110.

71) Vgl. oben die Szene mit Calvin; beispielsweise auch die Vorrede zum Moses latinus mit Widmung an Argenterius:... Aequum est ut qui meæ lucernæ in hanc lucubrationem oleum instillaveris potissimum hac..... Mosis illustratione perfruaris. — Und jenes war keine gewöhnliche Schmeichelphrase, siehe Seb. Castell. defensio suarum translationum bibliorum novi fœderis, zu Anfang. Er gesteht, daß er Fehler gemacht, aber ebenso, daß er solche auf Bemerkungen seiner Freunde hin verbessert habe.

72) Castellio in seiner defensio p. 17.

73) Eine ziemliche Litteratur derselben findet sich bei Haag, la France protestante, in dem Artikel Castellio. — Simon, histoire critique du V. T. l. II, c. 21 (einer der kompetentesten Richter). Auch Fabricius histor. biblioth. T. I, 18 und 19 gibt eine Zusammenstellung der ihm bekannten Urtheile über Castellio's Uebersetzung. — Die Urtheile der Zeitgenossen in „præfatio bibliorum per Pernam a. MDLXXIII."

74) Meister, Helvet. berühmte Männer I, 175 ff.

75) Beza (vor seiner responsio ad defensiones et repreh. S. Castell.) in dem Schreiben an die fideles Christi servos Basil. Eccles. pastores.

76) Trechsel, die Antitrinit. I. 208 ff.

77) Wenn Cast. in seiner defensio dieß eine „capitalis calumnia" nannte, so wird ihm dieß Niemand verargen können.

78) Beza ad S. Cast. calumnias p. 430.

79) „Latinitatis et purioris orationis paulo plus amans et tenax", wie ein Critiker seinen Styl nennt, kann dieser auch von uns genannt werden.

80) Crenius, advers. philol. part. VII, p. 105 (Citat eines Jesuiten): Non possum non stomachari magnopere dum Castellionem video scripturas vertentem.... et dum semipaganus et semigentilis interpres Deum Jovem vocat, cett.

81) Der (oben schon erwähnte) Simon nennt dieß einen „discours effemminé“. Er findet im Ganzen, daß Castellio „ne garda pas assez le charactère d'un interprète des livres sacrés, il affecta trop le style poli et élégant et il affaiblit beaucoup par-là le sens de son texte.“ Als Beweis citirt er gleich den Anfang der Uebersetzung: Principio creavit Deus cœlum et terram. Cum autem esset Terra iners atque rudis tenebrisque offusum profundum et divinus spiritus sese super aquas libraret, jussit Deus ut existeret lux. Wie wir sehen, hat Castellio auch die Satzverbindung nach klassischen Regeln um= gemodelt. — Viel härter als das obenstehende Urtheil Simon's ist das von Gilbert Gembrard, in der Vorrede zu den opera Orig. „Versio Castalionis est affectata, plus habens pompæ et phalerarum quam rei et firmitatis, plus ostentationis quam substantiæ, plus fuci quam succi, plus hominis quam spiritus, plus fumi quam flammæ, plus humanarum cogitationum quam divinorum sensuum.“ — Welche Autorität aber Beza auch über das Urtheil grundgelehrter und competenter Richter besaß, um diese zu seinen Gunsten und zu Ungunsten seiner Gegner zu stimmen, davon liefert einen sprechenden Beweis Geßner in seiner bibliotheca (Ausgabe von Simler), wo er sich also äußert: Po- stremo vertit (Castalio) tota biblia ita diligenter et summa fide ad Hebraica et Græca exemplaria collatis V. et N. Testa- menti libris omnibus ac inde in latinam linguam observata ubique et perspicuitatis et elegantiæ et proprietatis ipsius ra- tione ut *omnes omnium versiones longo post se intervallo reliquisse videatur*. Diesem Urtheil fügte er später als Fort= setzung bei: Translatio utraque bibliorum a multis reprehen- ditur et vir doctissimus Theodorus (Beza) eum *manifestis- sime* multos locos N. Testamenti corrupisse arguit....et docet sacras litteras...*pessime* ab ipso conversus esse. Merk= würdig seiner Genesis wegen ist das Urtheil, welches dem Thua- nus (de Thou) über Castellio's Bibelübersetzung zugeschrieben wird (in dessen Geschichtswerk lib. XXXV gegen Ende). In der Pariser und Frankfurter Ausgabe der Geschichte nämlich wird Castellio durchaus gelobt, in der Genfer Ausgabe dagegen er=

scheint plötzlich der härteste Tadel, der von „unreinen Händen", von „frecher Unbesonnenheit", „Mangel an aller Vorbereitung zu diesem großen Werke" spricht. Diese allerdings im höchsten Grade auffällige Erscheinung wurde dadurch erklärt, daß man einfach annahm, der Passus in der Genfer Ausgabe sei gefälscht (Füßlin p. 52; Fabric. hist. biblioth. I, 20: Minime hæc ejus sunt verba, quæ quis hostili animo editioni infersit Genevensi). Andere dagegen (so Beck, gelehrtes Basel) erklären diese Ansicht für falsch und glauben Thuanus habe eben seine Ansicht in der letzten Ausgabe geändert! Es wäre ihm also ungefähr ergangen wie Geßnern. Von einem Mann, wie Thuanus aber, kann ich eine ähnliche Erbärmlichkeit nicht annehmen. Denn um veränderte Ansichten handelt es sich hier nicht, sondern um consequente Selbständigkeit oder niedere Kriecherei gegen die obsiegende Richtung.

82) Und sie ließen sich leicht vermehren, z. B. Teissier éloges p. 221 ll

83) Der Brief steht vor der Frankfurter Ausgabe der Castellionischen Bibelübersetzung.

84) In der „epistola dedicator. log. Hebr. et Chald." Es möge verstattet sein, auch ein metrisch gefaßtes Urtheil — des Frid. Furius Ceriolanus — anzuführen, welches in dessen „Bononia" sich findet:

Nescio quis veterum voluit sermone latino
Biblia cum priscis ut loquerentur avis,
Tentavit fecitque suis pro viribus omnem
Conatum: *at fantur biblia barbarice.*
Eusebius tentavit item, tentavit Erasmus;
Frustra opera est: *fantur biblia barbarice.*
Pagninus tentavit item cognomine Sanctus,
Frustra opera est: *fantur biblia barbarice.*
En tibi Castalio tentat cœlo auspice id ipsum,
Successit: *ponunt biblia barbariem.*
O opus egregium! latio sermone loquuntur
Biblia nunc tandem Castalionis ope.

85) Wenn Beza sich in seiner übertriebenen Tadelsucht gegenüber Castellio auch auf das rein philologische Gebiet wagt,

und Ausdrücke wie adeo præstantior, incultus orationis, natu Hebræus, consuetudinem habere cum aliquo spöttisch macht, so beweist er damit nur, wie sehr er an sprachlicher Bildung hinter Castellio zurückstand; denn was diese betrifft, so ist das einstimmige Urtheil competenter Richter, daß Castellio wie keiner darin Meister war. (Speziell in Bezug auf das Hebräische sagt jener Simon, daß Castellio es besser verstanden habe que tous les docteurs de Genève). — Die am meisten geschätzte Ausgabe seiner Bibelübersetzung ist übrigens die vom Jahr 1573.

86) Seb. Cast. defensio translationum bibliorum et maxime novi fœderis (geschrieben theils 1557, theils 1561).

87) Sammarthanus (elogia Gallorum II, 4) nennt den Castellio als französischen Bibelübersetzer „patrii interim sermonis pæne oblitus“.

88) Beza ad Sebast. Castell. calumnias p. 430.

89) Auch conpellé für unverschnitten, avant-peau für Vorhaut, arrière-femme für Kebsweib erregen Beza's höchsten Unwillen.

90) Zürcher wöchentl. Anzeiger p. 559—564. — Vgl. auch Bayle sub. voce Castellio p. 83.

91) Z. B. der bekannte Fr. Hottomann, welcher im Octob. 1555 von Genf nach Basel gekommen war und sich folgender-maßen an Bullinger vernehmen läßt (Franc. et Joh. Hottomann. epist. Amstelod. 1700, p. 1):.... Castalionis ita sunt studiosi et amantes plerique ut hoc quasi Atlante cœlum fulciri Religio et Pietas existimetur. *Quid ego impressori Gallicorum bibliorum de hominis stultitia dixerim et interpretationis inepta audacia aut furore potius, sciunt non pauci...* Calvinus autem nihilo melius hic audit quam Lutetiæ. Quod si quis aut dejerantem aut lascivientem coarguat, Calvinista contumeliæ causa nominatur (Oct. 1555).

92) Hannöv. Magazin p. 309 und 310.

93) Zürcher wöchentlicher Anzeiger a. a. O. Beweis ihrer großen Seltenheit ist der Umstand, daß in der Bibliotheca Biblica Lorckiana, jenem reichhaltigen Verzeichniß aller möglichen Bibeln in allen Sprachen und aus allen Jahrhunderten, sie nicht mit

aufgeführt ist, und doch hätte die Sammlerin jener Bibeln gewiß
keine Kosten gescheut, sich ein Exemplar zu verschaffen; ebenso=
wenig ist sie zu finden in der Bibliotheca Biblica Brunsvicensis.

94) S. das auf dem Rathhaus=Archiv befindliche sog. „schwarze
Buch" p. 143 (auch ein Convolut von Schriften auf der vater=
ländischen Bibliothek a. 1558).

95) S. auch Ochs, Gesch. von Basel, VI, p. 361.

96) Herzog in den Ath. Raur. giebt das Jahr 1553 an,
wahrscheinlich nach Rubin, der seinerseits für seine Behauptung
Zwingers theatrum citirt; meine Angabe beruht indeß auf der
urkundlichen Ueberlieferung des Academ. Archiv's I, p. 114, wo
einprotokollirt ist, daß unter dem Rectorat Simon Sulzers und
dem Decanat des Coelius Curio im Jahre 1552 Castellio ordi=
nirt worden sei. Die Magisterwürde dagegen wurde ihm im
nächsten Jahre von H. Pantaleon übertragen. Bei dieser Gele=
genheit disputirte Castellio über die Frage: permultumne refe-
rat quo quidque animo fiat, possitque eadem actio in aliis
recta in aliis vitiosa esse (Theatrum virtutis et honoris unter
der Aufschrift: *lingua græca*).

97) In seiner Vertheidigungsschrift im Rathhaus=Archiv:
„utcunque Germanice vix etiam balbutiam".

98) In den decreta philos. im Universitäts=Archiv.

99) Academ. Archiv an der angef. Stelle.

100) In der zu Amsterdam erhaltenen Vertheidigungsschrift,
worin dieser Umstand als Argument gegen den ihm vorgewor=
fenen Ehrgeiz angeführt wird.

101) Cherler im Epitaphium erwähnt auch den Isocrates
als zu erklärenden Schriftsteller:

Isocratis libros et libros acris Homeri
Explicuit etc.

(Castellio's College, welchem die Grammatik zufiel, war
Grynäus). — In einer von Oecolampad unterschriebenen Ver=
ordnung des Raths (also etwas früher) heißt es (vgl. Anquitates
Gernlerianæ I. Band, p. 169): Græcæ linguæ professores
vel Demosthenem vel Homerum prælegant et nonnisi optimum
quemque, subinde thematum originem et proprietatem indi-
cantes si quid a communi grammatica insolitum.

102) Brief auf der Bibliothek von Conradus a Phrysia.

103) Antiquitates Gernler. I, 181.

104) Academ. Archiv I, p. 121.

105) Ebend. p. 140 (a. 1561).

106) Antiquit. Gernler. I, 195 seqq. „Betreffend die professores artium primæ, secundæ et tertiæ classis. Dieweil in dem Bedenken etliches Kornes inen jerlich zu geben Meldung beschicht sye solichs uß Ursach von obgemeldtem Rhat abgeschlagen (1562), so vil aber das jerlich derselben stipendium an Gelt, wie das im Bedenken erklert, antrift, sye bewilliget..... jedem, so lang er profitiren köunt."

107) Schwarzes Puch p. 304. — Castellio's Collegen in der zweiten Classe waren um jene Zeit Curio (Oratoria), Coccius (Rhetorik), Füglinus (Dialectik). Das Pensum der untern Classen umfaßte: rudimenta dialecticæ, grammatica latina cum Ciceronis de officiis, grammatica græca, poetica cum prosodia; der dritten Classe waren zugetheilt: organum Aristotelis, ethica Aristotelis, physica Aristotelis & mathematica.

108) Brief des Basil. Amerbach an Utenhoven, den man für die griechische Professur zu gewinnen suchte unter den gleichen Bedingungen, wie die Vorgänger im Amte, Grynäus, Zwinger, Lepusculus und Castellio sie gehabt hätten, (doch betrug die Besoldung damals — Anno 1589 — 78 Basler Gulden).

109) Wie denn Henry in seinem „Leben Calvins", nachdem er von den „Bosheiten" (!) Castellio's gesprochen, erklärt: „das Recht bleibt sonnenklar auf Calvin's Seite"!

110) In diesem und ähnlichem Sinne Henry und Stähelin.

111) Trechsel, die Antitrinitarier I, 208 f.

112) Lettres de Jean Calvin par Bonnet, Paris 1854, I, p. 192. 365.

112 a) Füßlin, Leben Castellio's, p. 70. Zürcher wöchentlicher Anzeiger p. 559.

113) J. Calvini epist. et responsa, Genev. 1576, p. 135. (Annno 1554). Henry macht ohne weiteres jene Behauptung Calvin's zu der seinigen!! und führt Rüchat's Worte an in Betreff der Form dieses Libells: le grand conseil reçut une lon-

gue lettre écrite sous un nom supposé, rempli d'invectives, d'accusations atroces et de calomnies contre ce grand homme. Ist jener Brief noch vorhanden?? — Anderswo spricht Calvin von der Opposition seines Gegners als „dem schändlichen und gemeinen Gebell eines schmutzigen Hundes!!" (Henry I, 464). Jenes Werk „gegen die Prädestinationslehre" glaubte Calvin auch dem Bolsec, als Mitarbeiter Castellio's, zuschreiben zu dürfen.

114) Die beiden Schriften heißen: 1) Recueil de certains articles et arguments extraits des livres de M. Jean Calvin. 2) Conseil à la France désolée auquel est montré la cause de la guerre présente et le remède qui y pourrait être mis et principalement est avisé, si on doit forcer les consciences (ohne Verfasser und Druckort). Man kann schwanken, welche dieser beiden dem Beza in die Hände fiel, (Trechsel nennt ohne weiteres die zweite, Andere, wie Rubin, Herzog, die erste; dieß ist auch meine Meinung); daß es aber zwei Schriften waren und nicht eine, wie Henry und Schweizer in seinen „Centraldogmen" annehmen, welche beide Titel, ja noch einen dritten, völlig verschiedenen zusammenfaßten, geht schon ganz deutlich aus Beza's Charakterisirung derselben hervor. (Hist. de la vie et mort de feu M. J. Calvin prise de la préface de Th. de Bèze u. s. w. Genève 1575.) Uebrigens könnte die eine der beiden Schriften auch um zwei, drei Jahre später fallen; die Chronologie ist hier nicht ganz klar.

115) Ein Freund aus Dortrecht schreibt ihm: de libro cui titulus est „à la France désolée" nihil accepi — nomen emptoribus plurimis, ne dicam omnibus compertum est.

116) In der Defensio ad Authorem libelli cui titulus cal. Nebul.: nec ego author sum articulorum nec Lutetias imprimendos misi. —

117) In der oben angeführten Schrift.

118) Beza schreibt an Bullinger unterm 29. März 1554: Puto te vidisse libellum hoc mense editum „de hæreticis non puniendis" addita cujusdam Martini Bellii præfatione et Basilii Montfortii refutatione. Additum est Magdeburgi nomen u. s. w. — Mosheim (Versuch einer Ketzergeschichte p. 279 ff.)

irrt deßhalb, wenn er meint, das Buch sei schon im November
1553, also einen Monat nach Servet's Tode, in den Händen Calvin's gewesen, und daraus den Schluß zieht, es hänge gar nicht
mit dem Tode Servet's zusammen. Servet's Prozeß dauerte
lang genug, und der Gedanke an den möglichen Ausgang desselben konnte den Plan eines solchen Werkes zur Reife bringen,
ohne daß man annehmen muß, von October an bis zum März
sei das Werk gesammelt, geschrieben und gedruckt worden, was
allerdings eine sehr kurze Frist wäre. Die Stelle der Vorrede:
etiamsi in mediis flammis Christum magno ore concelebret et
se in eum pleno ore credere vociferetur, bezieht sich unzweifelhaft auf Servet.

119) Den muthmaßlichen Titel siehe oben im Verzeichniß
der Schriften. Beza nennt das Buch meistens „farrago" oder
„Martini Bellii farrago", so daß es scheinen möchte, es habe dieß
Wort zum Titel gehört. Dagegen versichert Mosheim, es nir-
gends auf dem Titel gesehen zu haben. Ob die Namen Luther
und Brenz daselbst vorkamen oder ihre verkappten Substitute?
— Es existirte auch eine gleichzeitige französische Ausgabe, deren
Titel Baum (Leben Beza's I, 207) nach Autopsie also anführt:
Traicté des hérétiques. A savoir, si on les doit persécuter
et comme on se doit conduire avec eux. selon l'advis, opinion et sentence de plusieurs autheurs, tant anciens que
modernes. Rouen, Pierre-Freneau. (Derselbe Inhalt, wie
das lateinische Werk, nur noch vermehrt durch eine Vorrede an
Grafen Wilhelm von Nassau.) Beza nennt Lyon als Druckort.

120) J. C. Füßlin, Leben Castellio's, p. 70 ff. Brenz
hatte Zuflucht gefunden bei Herzog Christoph, vgl. Baum, Leben
Beza's I, 223.

121) Die lateinische Ausgabe, welche mir zu Gebote stand
(von Cluten, Straßburg 1610), enthält den Zusatz.

122) Beza an Bullinger 7. Mai 1554.

123) Bezæ de hæreticis a civili Magistratu puniendis
adversus Martini Bellii farraginem et novam Academicorum
sectam.

124) Epist. Bezæ p. 232, epist. 46.

125) Bezæ responsio ad defens. et reprehens. Castellion.
p. 450.

126) Vita Calvini von Beza (vor dem erſten Band der opera Calv. Genf 1617).

127) Baum, Leben Beza's I, 207.

178) Lettres de J. Calvin par Bonnet II, 17.

129) Er meint: tels gens seraient contents, qu'il n'y eût ne loy ne bride au monde.

130) Mſcript. des Antiſtitiums von Baſel: Basileæ quidem tres sunt professores quos Calviniani palam habent pro Servetanis, videlicet Martinus Cellarius sive Borrhaus, Coelius Secundus et Sebastianus Castalio.

131) Fabric. histor. bibl. Tom. II, 474.

132) Mosheim, Verſuch einer Ketzergeſchichte, p. 279 ff.

133) Henry, Leben Calvin's III, 216, Beilage.

134) A Schweizer, die proteſt. Centraldogmen p. 310 ff.

135) Ueber Fauſtus Socin (Felix Turpio) ſiehe weiter un=
ten. Laelius Socin war mehrere Mal in Baſel und machte hier Bekanntſchaft mit Caſtellio, Curio u. a. Im Jahre 1545 hielt er ſich in Caſtellio's Hauſe auf. Er reiſte nochmals 1555 nach Baſel, um dort Ochino als Prediger der lombardiſchen Gemeinde in Zürich abzuholen. (Trechſel, Antitrinitat. I, p. 208. Vgl. auch Füßlin in epistol. ab eccles. helvet. Reformat. vel ad eos scriptæ 1742 p. 356 und 413.) Er gehörte entſchieden der Rich=
tung des Caſtellio an.

136) Viret ſchreibt an Farel (1549): Admonuit præterea Beza Busbegium dedisse Oporino suam in Epistolas Pauli versionem et paraphrasin gallicis rhythmis imprimendam visam et approbatam Castellioni et Cœlio. (Baum, Leben Beza's, p. 117.)

137) Vgl. über den ganzen Streit der Ketzerfrage Henry, Leb. Calv. III, 89 f. Am Ende eines Wolfenbüttler=Buches von 1562 (gegen die Ketzerſtrafen), deſſen Verfaſſer Laelius Socinus, ſollen ſich auch zwei Briefe Caſtellio's de non necandis hæreticis befinden. Henry ſagt III, 216: Caſtellio hatte ſeine Schrift gegen die Ketzerſtrafen lateiniſch und franzöſiſch herausgegeben:

dissertatio qua disputatur quo jure quove fructu hæretici sint coercendi vel gladio puniendi, auch unter dem Titel de hæreticis an sint persequendi, Basil. 1555. 8. Dieß ist ein Irrthum; jener erste Titel gehört einem andern Buch an, welches Castellio nicht geschrieben hat. Henry widerspricht sich auch selbst: s. III, 89. — Ebensowenig hat die dem Castellio oft zugeschriebene Abhandlung: Contra libellum Calvini in quo ostendere conatur hæreticos jure gladio coercendos esse (mißbräuchlich auch dialogus inter Vaticanum et Calvinum genannt), den Castellio zum Verfasser; er wird selbst darin getadelt, wie überhaupt alle Gelehrten, weil er Profanes mit Heiligem vermischt habe. — Ebensowenig endlich hat Castellio etwas zu thun mit der „disputatio Mini Celsi Senensis in hæreticis coercendis quatenus progredi liceat", welche erst nach des Verfassers Tode (und zwar im Jahr 1577) Christlingæ (d. h. Basel) herauskam, woselbst der Verfasser, Minus Celsus aus Siena (kein Pseudonymus), bei Perna Corrector war (Gerdes Ital. reform. p. 224).

138) Zürcher wöchentl. Anzeiger p. 559.

139) Histoire littér. de Genève I, 196 f.

140) Mosheim, Versuch einer Ketzergeschichte, p. 279 ff.

141) Schlosser, Leben Beza's p. 54.

142) Baum, Leben Beza's I, 223.

143) Den „edlen" aber „unverständigen" Vertheidiger der Toleranz nennt ihn Henry.

144) Wie Henry sich ausdrückt.

145) Er befindet sich in der Simmler'schen Briefsammlung in Zürich (dabirt 23. Nov. 1562) und beginnt: Quod istic sic passim sævitur in Anabaptistas doleo et persecutoribus sanam mentem opto, non quod erroribus faveam Anabaptistarum sed quod et ipsi persecutores et erroribus non minus, credo, gravibus et sceleribus laborant gravissimis, et si neutrum esset et cætera abessent vel hic error et hoc scelus esset quovis Anabaptistarum errore gravius, quod homines ob religionem interficiunt et putant interficiendos..... und lautet am Schlusse nach einer Schilderung der in Frankreich begangenen Religions-

gräuel: Væ auctoribus, væ sanguinariis et Principum instiga-
toribus. Hi sunt fructus doctrinæ de persequendis hæreticis.

146) Michelet (in der Renaissance): Un pauvre prote
d'imprimerie, Châtillon, seul défendit Servet et posa pour
tout l'avenir la grande loi de tolérance.

147) Ranke, deutsche Geschichte im Zeitalter der Reforma-
tion IV, 213.

148) Spinoza im Jahr 1670 mit seinem theologisch-politi-
schen Tractat — Vertheidigung der unbedingtesten religiösen und phi-
losophischen Glaubensfreiheit. — Bayle kam immer und immer
wieder zurück auf die Forderung der unbedingtesten Glaubensfreiheit und unverbrüchlichen Duldung aller Religionspartheien, selbst
der Juden und Türken! Friedrich's des Großen berühmtes
Wort, daß Jeder nach seiner Façon selig werden könne, sowie
überhaupt die milde Duldsamkeit des 18. Jahrhunderts ist zum
großen Theil Bayle's Wirkung zu danken. (So urtheilt H. Hettner
in seiner Litteraturgesch.) — So predigt nun auch Locke (1685)
in seinen lateinischen Briefen de tolerantia das Evangelium der
Liebe und Duldung. Nur Katholiken (!) und Gottesläugner
schließt er von der Duldung aus (Hettner p. 150).

147) Nach einem Briefwechsel zwischen ihm und ZerKinden
(auf der öffentl. Bibliothek).

150) So Beza's Werk gegen Castellio und dessen Angriff
auf die Prädestination, Henry III, 219. Ueber die Chronologie
vgl. A. Schweizer protestant. Centraldogmen, a. a. O. — Einiges
auch in der defensio (Castalionis) ad Autorem libelli, cui titulus est Calumn. Nebul., geschrieben 1558, in der Frankfurter
Ausgabe der opera Castal.

151) Titel: defensio ad Autorem libelli cui titulus est
calumniæ Nebulonis. 1558 Sept.

152) Journal hélvetique p. 23 nach einem Manuscript zu
Amsterdam. Der Titel der gedruckten Vertheidigung lautet: Sebast. Castal. defensio suarum translationum bibliorum et maxime novi fœderis (scribebam partim 1557, partim 1561).

153) Defensio ad autorem libelli cui titul. est Calumn.
Nebulonis. 1561. Vgl. Journal helvét. a. a. O. — Ich habe

im Text dieses nebulo durch „Schurke" übersetzt, wie es auch Schlosser faßt. Ich weiß nun wohl, daß A. Schweizer sich ge= gen diese Auffassung wehrt und die Bedeutung des Wortes auf „Wirrkopf" reduzirt, wie denn auch Beza den Castellio einen „*certain brouillon*" nennt (in der histoire de la vie et de la mort de Calvin). Und Nebulo kann das heißen. Es könnte auch eine briefliche Aeußerung Calvin's angeführt werden in Be= treff Castellio's: promptum fuit *calumniarum nebulas* discu= tere (an S. Sulzer in Basel); ja, Castellio selber war mild ge= nug, in dem nebulo nur den „brouillon" zu sehen (in seiner defensio contra libell. Calvini). Alles dieß zugegeben und selbst Calvin's Absicht in mitiorem partem interpretirt, so mußten doch die Meisten an die gewöhnliche Bedeutung des Wortes sich hal= ten. Jedenfalls hätte Calvin für jenen Begriff, wenn er nur ihn wollte, unverfänglichere Worte genug finden können.

154) In der Bibliothèque des Remontrans. Titel: Pro Sebastiano Castalione adversus Genevensis ecclesiæ præcipuos ministros (defensio?) in qua permulta quæ cognosci interest ecclesiæ deteguntur.

155) Sie befindet sich schon in der Arisdorfer Ausgabe 1578. Clément (biblioth. curieuse VI, p. 379 seqq.) behauptet, die Schrift sei schon herausgekommen unter dem Titel: Antiinquisi= tor. Arnold, der Verfasser der Kirchen= und Ketzerhistorie, ein warmer Verehrer des Castellio, s. I, 326 ff., hat sie übersetzt: Verteutschtes Büchlein von Verläumdung der Bösen wider die Frommen. Frankfurt 1696, 8.

156) „Acta," heißt es im Manuscript, „ludis Hieropolita= nis (das heißt Genevensibus) in magno theatro sanctis seriis= que Musis recens sacro præsentibus, illustribus antiquæ Ve= negæ (= Genevæ) moderatoribus et fidelibus magni regis Catholici legalis (das sind die Geistlichen) sancta virorum co= rona circumdatis." So lautete (wenigstens in der Uebersetzung) der Titel. Ob sie wirklich ausgeführt worden sei und im Bei= sein dieses Auditoriums, kann gleichwohl noch gefragt werden.

157) In seiner responsio ad defensiones et repreh. Seb.

Castal. quibus suam N. T. interpretationem defendere adv. Bezam et ejus vers. viciss. reprend. conatus est. p. 451.

Andere Schriften Beza's gegen Castellio sind — um dieß beiläufig anzuführen —:

De hæreticis a civili magistr. pun. adv. Mart. Bellii farrag. et novam acad. sectam.

Ad Seb. Castal. calumnias quib. unic. salut. nostr. fundam.... evertere nititur (gegen den recueil des articles u. f. w.) responsio. (Auch mit dem Titel: Ad sycophantarum quorundam calumnias u. f. w.). Damit scheint identisch, was ich nicht entscheiden kann: Beza de prædestinatione adv. Castalionem.

158) Schlosser, Leben Beza's, p. 6 u. 14.

159) Amentia, impudentia — falso ejuravisti — ingenium superbiæ et vanissimæ ambitionis plenum — hanc ego præcipuam (miseriam) numero quod nobis cum tui similibus monstris assidua sint certamina — diabolum agere — Deus per vestros istos latratus.... mundum ingratum ulciscitur — obtestor ego vos, clarissimæ urbis ornatissimos senatores, et vos quoque... Basiliensis Academiæ moderatores, qnamdiu hoc dedecus in sinu vestro perferatis — naturæ vitio invidum et calumniatorem — tua depravata natura — tum Satanæ tum aliorum ministerio tum etiam tua ipsius improbitate utens — mendacii et erroris efficacia — maledicentia — hypocrisis — puerilibus ineptiis ad fallendos homines uti — malivolus animus — doctrina quæ ex Papistarum Anabaptistarum... tuis denique monstris et portentis est conflata — Longinquas amicitias eorum hominum quærere quibus te ignotum esse scias, quorum emendicatis litteris ac testimoniis ad simplices fallendos abutare... conciones quidem religiose in specie audire, privatim vero novam doctrinam proponere, discipulos cogere, homines in hospitiis veluti conductos habere qui adventantes hospites captent et impudenter horum simplicitati insidientur. — Das ist ein kleines, ohne Mühe zusammengetragenes Florilegium von Beschuldigungen gegen den Lebenden; den Todten nennt er noch (in seiner Biographie Calvin's) homme ou plutôt monstre. Leider glaubte sich Calvin zu ähnlichen Invec-

tiven berechtigt. Nicht nur ein „blasphemus et calumniator“ ist ihm Castellio, nicht nur ein bellender Hund, sondern auch ein „impostor, dei prorsus derisor, plenus bestialitatis, impurus canis, vagus, balatro“ u. a. m.

160) Ueber Beza siehe das sehr ungünstige Urtheil J. J. Wettstein's in nov. test. græce, Amstelod. 1751, Tom. I, p. 147: Neque illud vero non cordatis displicet quod (Beza) ex veteribus Origenem, ex recentioribus Castalionem *viros ipso longe in tractandis sacris majore usu atque fide*, ubique acerbius reprehendat p. 149: Huc facit etiam quod Beza Editionem alteram N. T. sui nonum in annum presserit donec scilicet mortem *Castalionis* antagonistæ sui ex ægritudine animi ob gravissimas non unius generis apud magistratum Basiliensem ipsi ab eodem Beza intentatas falsas licet criminationes consecutam comperisset. Quæ omnia hominem potius vafrum ac diffidum causæ suæ quam fideliter diligenterque ac pie susceptum negotium gerentem produnt. Und Scaliger in den Scaligerana II, 230 u. 231: il n'était pas docte en hébreu — il n'a pas bien étudié les langues — n'est pas de trop grande lecture.

161) Auf der Stadt-Bibliothek in Zürich.

162) S. den Titel im Schriftenverzeichniß.

162ª) Folgende Verse mögen als Beispiel dienen:

Hæc ait et ventis laxas immittit habenas
Et jubet inflari pernicibus æquora flabris:
Illi continuo liquidum per inane feruntur
Invaduntque maris crispantia flamine terga.
Et primum fluctus surdo cum murmure sese
Paullatim tollunt jamjamque magisque magisque
Insurgunt donec vertentibus æquora ventis
In cœlum rapti montes tolluntur aquarum
Et retegit fulvas immanis hiatus arenas.
Coguntur nubes, ignis micat æthere creber,
Intonat horrendum cœlum, incubat atra mari nox.
Jactaturque feras jamjam solvenda per undas
Navis et admittit laxis compagibus imbrem
Exitiumque viris tempestas triste minatur.

Oder:

Ut cum floriferas penetrabile frigus adussit
Herbas et calamos calidos siccavit in agris,
Tum si purpureus nascentis tempore veris
Incipiat radiis propioribus arva fovere
Sol pigroque gelu concretas solvere glebas,
Pandit terra sinus gremiumque recludit in herbas
Paulatim laetumque refert renovata virorem :

— — —

Non aliter Jonas — —
Emicat, cett.

Oder:

Tempus erat quo nox tardis invecta quadrigis
Cesserat et rebus varios aurora calores
Reddiderat, nitido terras laetissimus ore
Sol illustrabat radiisque tepentibus undas
Mulcebat tremulas amissaque gaudia mundo
Reddebat; volucres certatim luce recepta
Dulcia per virides iterabant carmina ramos:
Piscis — namque pater reparabilis arbiter orbis
Jusserat — advertit terræ siccoque potitus
Undivomas pandit fauces redditque fidelis
Custos depositum jussus vatemque sub aures
Evomit et bibulis illæsum exponit arenis.

Die Einmischung antiker Begriffe, wie des „magnus Olym-
pus", der „tristes umbræ Erebique nigrantia regna" lag durchaus im Geist der damaligen gelehrten Dichtung.

162ᵇ) Schriftenverzeichniß.

163) Ebend.

163ᵃ) Quorum causa me vel equitare in baculo neque
pudeat neque pigeat.

163ᵇ) Er meint wahrscheinlich Ilias XX, p. 306—308.

164) Das Motto, welches wir für seine Lebensbeschreibung
gewählt haben.

165) Video enim quanto saepe minus farinæ mihi sit
ex pistrino relatum quam a me frumenti acceptum: quanta-

que rursus ex farina quantuli mihi panes a pistore repor-
tentur.

166) O præposteras magistratuum curas, qui suas leges
tam duris suppliciis sanciunt, et in divinis legibus tam supini
connivent!

Caſtellio's Oppoſition gegen die milde Beurtheilung des
puncti septimi wird ihn wohl gegen den bei Clarmund erwähn=
ten „Verdacht, als courteſierte er gerne", befreien.

167) Schriftenverzeichniß.

168) ſ. Bernhardy, griechiſche Litteraturgeſchichte, 1845,
II, 294—307.

169) Cap. 54.

170) Bekanntlich wird dort an die zu erwartende Geburt
eines Knaben eine neue Welt=Aera geknüpft.

171) Wie folgende: Artificem multo illis intolerabiliorem.
Jenes Acroſtichon lautet (hie und da wohl corrupt):

Judicii signum tellus sudoribus edet

Exque polo veniet rex tempus in omne futurum,

Scilicet ut carnem omnem, et totum judicet orbem,

Unde Deum fidi diffidentesque videbunt

Summum cum sanctis in sæcli fine sedentem,

Corporeorum animas hominum quo judicet; olim

Horrebit totus cum densis vepribus orbis,

Rejicient et opes homines simulachraque cuncta,

Exuretque ignis terras cœlumque solumque,

Incendetque fores augusti carceris Orci,

Sanctorumque omnis caro libera reddita lucem

Tunc repetet: semper cruciabit flamma scelestos,

Utque quis occulte peccaverit, omnia dicet,

Sub lucemque Deus reserabit pectora clausa.

Dentes stridebunt, crebrescent undique luctus.

Et lux deficiet solemque nitentiaque astra,

Involvet cælos, et lunæ splendor obibit.

Fossas attollet, juga deprimet ardua, montes,

Impedietque nihil mortales amplius, altum

Longa carina fretum non scindet: montibus arva

Ipsa æquabuntur, nam fulmine torrida tellus
Unaque et sicci fontes et flumina hiabunt.
Sidereisque sono tristi tuba clanget ab oris
Stultorum facinus moerens mundique dolores.
Et chaos ostendet et tartara terra dehiscens,
Regesque ad solium sistentur numinis omnes,
Undaque de coelo fluet ignea sulfure mixta,
Atque omnes homines signum præsigne notabit.
Tempore eo lignum cornu peramabile fidis,
Oppositus mundo casus, sed vita piorum
Respergendo lavans duodeno fonte vocatos
Compescetque pedo ferrata cuspide gentes....

172) Schriftenverzeichniß. Beispielsweise folge Pf. XIX.

Cœlum-renidens et liquidum Dei
Narratque laudes factaque prædicat
Noctemque lux lucemque trudens
Nox docet id, quasi verba fundens.

Ut sermo nullus nullaque lingua sit
Quæ vocis horum non capiat sonum,
Oratio quorum per omnes
Normaque sit spatiata terras.

Sedes in illo splendida solis est
Qui more sponsi dum micat ex thoro
Egressus exsultat viamque
Currit uti pugil expeditus,

Atque ex supremis carceribus celer
Cœli profectus pergit ad ultimum
Calcem maris nec est quod ejus
Prætereat rapidos calores.

Lex sancta Jovæ pectora recreat,
Oracla Jovæ dant sapientiam
Infantibus, mandata Jovæ
Exhilarant animos probanda.

Doctrina Jovæ pura oculis creat
Lucem, perennis permanet integer

Jovæ metus sententiasque
Jova dat et solidas et æquas.

Majora sunt hæc quam vel amabiles
Geminæ vel aurum, digna cupedine,
Hæc sunt vel ipso dulciora
Melle, favique liquore suavi.

Hæc ipse doctus sum tuus in quibus
Sunt exsequendis maxima præmia,
Errata sed quis providebit?
Purifica mea tecta facta.

Nec non ab his quæ commerui sciens
Me vendicato, ne superent, tuum;
Sic innocens purusque fiam,
Tot vitiis ita liberatus.

His macte verbis esto, precor, Jova.
Quæ cogitat mens, eloquitur meum
Os, Jova, te præsente coram,
Qui mihi numen es atque vindex.

173) Also kein Werk verschiedenen Inhaltes, wie man nach Herzog Ath. Raur. und Andern glauben muß. Vgl. Haag, la France protestante; de la Croix in seiner Bibliothèque; den Titel siehe im Schriftverzeichniß. — Fabricius, hist. bibl. II, p. 532 seqq. gibt ihn abweichend (wahrscheinlich nach einer spätern Auflage) also an: *Theologia teutonica* sive germanica, de vero sensu quid Adam sit et Christus et quomodo Adam in nobis mori debeat, Christus autem in nobis vivere.

174) Auf dem Antistitium zu Basel.

175) Nach Fabricius a. a. O. hat Luther erklärt, daß dieß Buch ihm nächst der Bibel und dem heiligen Augustinus das liebste und lehrreichste sei.

176) Also kann Tauler selbst nicht Verfasser desselben sein, wie hie und da sich angeführt findet.

177) Fabric. l. l. p. 535, nec male meruit de *Kempisio* Seb. Castellio qui in gratiam lectorum ad horridam et barbaram dictionem nauseantium latiniorem reddidit. — Teissier,

éloges p. 221, sagt fälschlich, Castellio habe den Thomas a Kempis in's Französische und in's Deutsche übersetzt!

179) s. Schneider's Ausgabe, vol. IV, p. 1, und lex. bibliogr. von Hoffmann. — „Textum vel Halensem vel Juntinum exhibet (Basiliensis editio)." s. Schriftenverzeichniß. Die Angabe von Sare im Onomast. III, 207, daß Castellio a. 1540 Xenophontem græce duobus codicibus prodire jussit octonis, scheint falsch.

180) Schriftenverzeichniß.

181) Ebendaselbst.

182) Ebendaselbst.

183) Vgl. Heyne, Hom. Ilias, Tom. III, p. XXIV et CXVII. Waren wirklich die opera Homeri, welche Castellio herausgab, notis illustrata, wie Rubin angibt? Und wie verhalten sich die Namen Brylinger und Oporin zu einander? Litzel (histor. poet. græcor.) nennt geradezu Oporin als Herausgeber. Castellio unternimmt die Herausgabe auf Bitten des Oporin und doch findet sich der Titel: Basileæ apud Brylinger? — Außer den genannten Schriftstellern hat nun, nach der biblioth. Gessneri, Castellio auch den Thucydides in's Lateinische übersetzt. Ich habe keine Bestätigung dieser Angabe finden können. Wahrscheinlich meint Geßner die im Jahr 1554 bei Henric Petri erschienene Ausgabe: Thucydides Laurentio Valla interprete nunc postremo correctus et ex Græco innumeris locis emendatus, — Also eine revidirte und verbesserte Uebersetzung, welche Castellio besorgt hätte.

184) So urtheilt schon Petrus Ramus in der Basilea: Utinam tanti ingenii tamque bonis artibus ac litteris eruditi vis illa in hoc unico græcæ professionis argumento versari maluisset, nihil mea quidam sententia in isto genere laudis Basilea comparandum habuisset.

185) Cast. Francisco Dryandro (in der Simmler'schen Sammlung).

186) Briefe von Zerkinden auf der öffentl. Bibliothek und dem Antistitium zu Basel.

187) Acta et decreta universit. p. 73.

188) Univerſitäts=Archiv p. 250.

189) Schwarzes Buch p. 169, ebend. p. 271, auch 218 ff. Ob die Opposition der Regenz immer Erfolg hatte?

190) Acta et decreta universit. p. 73.

191) Die Verordnung, daß die Wittwen aller Univerſitäts= angehörigen den Genuß derſelben Freiheiten haben ſollten, wie ihre Männer, datirt von a. 1494, — vgl. Vaterländiſche Biblio= thek zu Baſel, fasc. O, 21 a — und auf dieſe ſtützte ſich die Uni= verſität. Jener Rathsentſcheid in der Angelegenheit Caſtellio's ſcheint dann maßgebend für die Zukunft geworden zu ſein, wenig= ſtens finden wir Beiſpiele, daß nach demſelben und mit Berufung darauf verfahren wurde. Die Verlaſſenſchaft wurde alſo auf Be= fehl Rectoris et Regentium durch der Univerſität geſchworenen Notarium beſchrieben und vergantet.

192) Olympiæ Moratæ opera Basil. 1570 enthalten dieſen Brief.

193) In der Brieffammlung des Frey=Grynäiſchen Inſti= tuts, epist. latin. tom. IX, Ms. II, 9. — Die Briefe liefern ein Stück Charakteriſtik; ſie entſprechen völlig dem Innern Caſtellio's. Die Ermahnung z. B. ut omne tempus tibi perire putes quod non in pietate colloces. Ferner: de vera pietate loquor, quæ penitus in animo latet, non de inani falsaque pietatis umbra, quæ a vera tantum abest, quantum simia ab homine. Oder: tantum deo placebis, quantum ipse tibi displicebis.

193 b) Es iſt ohne Zweifel lautere Wahrheit, was Caſtellio in ſeiner defensio erzählt, daß das ſchroffe und aufreizende Be= nehmen ſeiner Gegner ihm viele Freunde und Schüler zuführte. Edelgeſinnte ſchlagen ſich immer auf die Seite des ungerecht Ver= folgten: Einige Jünglinge, ſagt er dort, ſeien von Straßburg nach Baſel gekommen und hätten die Ohren voll gehabt von je= nen über ihn ausgeſtreuten Gerüchten, daß er ſeine Emiſſäre nicht nur in den Wirthshäuſern, ſondern auch auf dem Lande und an den Thoren der Stadt halte. In Folge deſſen hätten ſie ſich un= ter ihm einen mächtigen, geld= und einflußreichen Mann vorge= ſtellt, der gleichſam von einer Schaar Trabanten umgeben und deſſen Nachſtellungen ſchwer zu entgehen ſei. Als ſie nun aber,

führt er fort, keine Spur davon in mir entdeckten, sondern im
Gegentheil ein armes, verachtetes und stilles Menschenkind ohne
Ansehen und Einfluß, ohne irgend welche großartige Pläne, so
ärgerten sie sich über jene Verläumdungen, und als sie nun end=
lich mit mir zusammen kamen, so sagten sie sich von meinen
Feinden los und wurden mir eben so ergeben, als sie vor der
Kenntniß der Wahrheit jenen ergeben gewesen waren.

194) Nach dem Briefwechsel mit Curio, der ihm von Lau=
sanne aus ein Buch dedicirte.

195) Henry, Leben Calvin's III, 238 und III, 97 ff.

196) Briefe auf dem Antistitium und der öffentl. Biblioth.

197) Die Uebereinstimmung seiner religiösen Ansichten mit
denen Castellio's, worüber weiter unten, zeigt sich am klarsten in
einigen selbstverfertigten Versen, welche er dem Castellio zusendet
(auf dem Antist. zu Basel aufbewahrt):

> Wie es dört stand in jeheinem Leben
> Müwen sich selbs vil Lüth vergeben
> Zu wissen hie in dieser Zyt;
> Erwart der Stund, sy ist nit wyth,
> Die uns hinfyrt da wir nyt waren,
> Dann wirt's ein jeder selbs erfaren,
> Und sehen, wie es hab ein Gstalt
> Umb Christi Rych, Herrschung und Gwalt.
> Herzwischen vast, lieb, fürcht du Gott,
> Halt dich in Frömmigkeyt siner Gebott,
> Vermaß dich nyt zu wyssen vyl
> Wie es dort stand byß uff sein Ziel.
> Denn unser Wyssen dieser Zyt
> Ist Stückwerk, trib es nyt zu wyth.

Ein anderes Gedicht:

> Was bedarfs des Fechtens mit der Schrifft;
> Da keiner nit weys ob er's trifft?
> Harr styf an Gott zu jehenem Lebenn,
> Da wirt er dir gwüssen Bericht geben
> Der Dingen, die wir hier umsunst
> Suchend, wych aber unser Kunst.

Es ist maß gut zu allen Dingen;
Wer solchs selbs dahin nit mag bringen
Zettelt offt vielfalt sachen an
Die er wohl mocht berumen lan.
Volg Christo nach mit dinem Leben,
Der wirt dir zu erkhennen geben
In sinem Rych, wie es do staht.
Wohl dem, der sich erst daran lat.

198) Trechsel, die Antitrinitarier, I, 208 ff.

199) Gerdes, Italia reform. p. 311.

200) Vgl. Füßlin, Leben Castellio's.

201) Meyer, die Gemeinde von Locarno II, 17ᴮ, auch II, 11.

202) Der Zweifel des Martin Ruarus (bei Bayle) ist da=
her ganz unstatthaft.

203) In seiner oben als Beilage abgedruckten Apologie zu
Handen des Rathes von Basel, welche übrigens nicht, wie Streu=
ber meint, noch ungedruckt ist; sie findet sich schon hinter dem
Tractat: contra libellum Calvini quo ostendere conatur hæreticos jure gladio coercendos esse (vgl. Schelhorns Ergötzlich=
keiten, Bd. III).

204) Schelhorn meint, „Alles gieng redlich und richtig zu,“
nur Curio habe nachher die ganze Sache von sich abzuwälzen ge=
sucht. Merkwürdig ist dagegen das Urtheil eines Zeitgenossen,
des Dr. Wissenburg zu Basel, welcher sich unter dem 6. Dez. 1563
brieflich also ausdrückt: Quumliber (Dialogi) esset Italicus, consti-
tutis censoribus in manus nunquam venit — und unmittelbar
vorher: Ait quidem Perna ejus temporis Rectori, Amerbachio
juniori, se censendos tradidisse. Am Ende wieder: Perna igi-
tur ordinatis censoribus insciis latinum factum librum impres-
sit. Wer waren denn diese ordinati censores? — Ochin hat
sich später in einer Schutzschrift vertheidigt und besonders den
Umstand scharf betont, daß seine Schrift nur in lateinischer
Sprache gedruckt, also nur den Gelehrten zugänglich sei: Poi io
ho parlato solamente con i dotti.... posciache i miei dialoghi
non sono stampati se non in lingua latina. Daselbst nennt er
sich scacciato da Zurigo et cosi ancora da Basilea.

205) Er scheint Nationalist gewesen zu sein; vgl. den Anfang eines Briefes an Castellio: La fede e l'atto dell' intelletto e l'intelletto non ha altri atti se non di conoscere e però la fede e cognoscere. (Auf der öffentl. Bibliothek.) Vgl. noch Füßlin epist. ab eccles. helv. Reform.... script. p. 462. In gewissen Hauptpunkten war er entschieden Glaubensgenosse Castellio's, denn in einem der Dialoge „inclinare videtur in eorum sententiam qui sentiunt hæreticos nomen Domini blasphemantes tolerandos esse et non plectendos gladio." (Vertheidigung des Zürcher Ministerii).

206) Vgl. schwarzes Buch, p. 178, 179; Univers.-Archiv p. 157 (für das Jahr 1558) und sonst p. 160; auch Antiq. Gernlerianæ Tom. I, für das Jahr 1578.

207) Streuber, im Basler Taschenbuch von 1852, p. 88.

208) Ein Fascikel O, 21 a auf der vaterländischen Bibliothek. 200 fl. Strafe standen auf der Uebertretung, welche übrigens auch mit Gefängniß gebüßt wurde. Der Drucker mußte dem Censor „sechs Stäbler Pfennig" für den Bogen als Honorar bezahlen und obendrein ihm ein Exemplar schenken. Selbst die Correctoren wurden in's Handgelübde genommen. Das Versprechen eines solchen Corrector's lautete (s. Decreta univers. p.83): Meum officium in libris castigandis hic edendis ita velle exsequi ut si quid in iis offendero quod noví alicujus dogmatis suspectum veræque Religionis Christianæ aut bonæ existimationis ac famæ urbis præsertim Basiliensis.... contrarium sive contumeliosum videatur, ad Rectorem et censores ordinarios referri deligenter curabo.

209) Bezæ epistol. p. 43 et 44. Pessimorum librorum plaustra Basileæ excusa (Protevangelium Marci, Abdiæ Babylonii Acta apostolorum, Postelli portenta, Ochini denique blasphemiæ!)

210) Fr. et Joh. Hottom. epist. p. 138.

211) Beck, gelehrtes Basel, Mscript.

212) Universitäts-Archiv p. 160. — Perna starb trotz allen diesen Sünden „in gutem Andenken" zu Basel a. 1582; vgl. Maittaire, annales typogr. Tom. I, Part. I, p. 221.

213) Sie ist aufbewahrt im Rathhause im gleichen Convo=
lut, worin die Vertheidigung Castellio's sich befindet.

214) Er erfand ein Theriak gegen die Pest, starb aber sel=
ber daran das Jahr darauf. „Seine Lebensart soll nicht eben
erhebend gewesen sein." (Beck.) Er wurde im Todesjahr Ca=
stellio's als Paracelsist ausgeschlossen vom Consilium medicorum.
Von 1558—1564 war er Professor des Griechischen am Päda=
gogium zu Basel (s. Miescher im Universitätsprogramm zum Ju=
biläum p. 16).

215) Darin wird Castellio's Wohnung in die Steinenvor=
stadt verlegt („seßhaft an der Steinen"), vielleicht Verwechslung,
vielleicht aber hatte Castellio wirklich seinen Wohnsitz aus St. Al=
ban hieher verlegt.

215ᵃ) In dem Amsterdamer Manuscript heißt es von Ca=
stellio: „qu'on avait sollicité (von Genf aus) le magistrat de
Bâle *de le faire mourir*, mais que le magistrat avait re-
poussé cette sollicitation.

216) Histoire de la vie etc. de Calvin, prise de la préface de Bèze aux Commentaires.... sur Josua, Genève 1575:
Seine, Beza's, Antwort (auf Castellio's Vertheidigung v. 1561
u. 1562), welche jener an die „pasteurs de l'église de Bâle"
richtete, „fut cause, que celui-ci (Châtillon) fut appelé par
l'église et puis par la Seigneurie, mais peu de jours après
la mort le délivra de cette peine."

217) Vgl. Tractat. de calumn. cap. XIV: Imprimunt fa-
mosos libellos calumniisque refertos libros adversus eos quos
ipsi toto orbe reos faciunt, deinde per magistratum (hoc enim
habent validissimum bracchium) efficiunt ut typographis reo-
rum responsiones excudere non liceat.

218) Bei Herzog, Athenæ Raur.; vgl. auch theatrum vitæ,
p. 2698, 2808, 2675, 1921, Zwingers Urtheil.

219) J. C. Iselin, hister. und geogr. Lericon und nach ihm
H. J. Leu, allg. schweiz. Lericon, geben den unglücklichen Fall als
alleinige Ursache des Todes an.

220) 1563 war das Jahr des „dritten großen Sterbens"
Felir Platter's. Groß dagegen (Baslerchronik) sagt, die Seuche

habe erst im Frühjahr 1564 angefangen. Dieß ist jedenfalls ungenau.

221) Non tam corporis quam animi ægritudine ac moerore confectum et exstinctum nonnulli putant (Js. Jeger Basil. 19. Januar. 1564).

222) Als Ochin's Frau den Hals brach, war dieß für Beza ebenfalls die göttliche Strafe der Sünden ihres Mannes! Auch Calvin erklärte den Tod Castellio's als ein eigentliches Strafgericht Gottes!

223) In der Frei=Grynäischen Sammlung, Bd. XXVII, Nr. 415.

224) Ebend. Nr. ??

225) Hottinger, hist. ecclesiast. VIII, p. 864.

226) „Honestissimo loco" sagt Zwinger. Wurstisen, hist. epit. Basil., p. 110, gibt die Stelle näher an als gelegen im „minoris coemeterii peristylion", d. h. wohl in der vorn gegen die Straße, und nicht in der gegen den Rhein liegenden Abtheilung.

227) Dieselben verfaßten noch folgendes Epitaph, welches hie und da den bekannten Ausspruch über polnische Metrik bestätigt (es steht hinter Iselin's Ausgabe der Dialogi sacri Castellio):

> Hoc tibi nunc nostri monumentum et pignus amoris
> Quo te prosequimur, care Magister, habe,
> Quod tibi tres ponunt juvenes natione Poloni,
> Ah fratres quondam discipulique tui.
> Vive per æternos, Præceptor amabilis, annos,
> Mente, prole, fama, semper in orbe manes.

Auch ein sehr künstliches Acrostichon ist überliefert, welches folgendermaßen lautet:

Hoc tua, Castalio,	Conduntur cæspite	Membra,
Illiusque manent	Ad tempora laeta	Diei,
Cælestes autem	Sedes mens vivida	Lustrat
Inque Deo gaudens	Tenet almæ gaudia	Vitæ,

Ante homines* (sic!)	Antiqua fides et candida	Virtus
Cura tibi fuit, (sic)	Lusus tuus, omnia	Iuste † (sic!)
Et piu simplicitas	In te vivebat, ab	Illis
Tu merito donis	Omni celebraris	In orbe.

Ein drittes, bei Rubin, heißt (ober soll heißen):

'Ενθάδε Κασταλίων· φεῦ μοίρας· ἐς Θιὸς ἔπτη.
Αὐξάνεται, Ρῆνε, σῆς κλέος ᾐόνος.

    (Hic jacet heu! tristi raptus Castalio Parca;
    Accessit ripae gloria, Rhene, tuæ).

229) Scaligerana II, 360. Scaliger läßt es übrigens durch Simon Grynäus geschehen, welcher 1541 starb. Ein Commentator corrigirt ihn.

230) Auf dem Antistitium aufbewahrt, dat. 2. Juli 1600, an wen? ist ungewiß. Der Brief ist lateinisch geschrieben.

231) Grynäus war zudem befreundet und im Briefwechsel mit Nicolaus Ostrorog, dem Rector der Universität zu Altorf und Bruder jenes Johannes, welcher dem Castellio den Grabstein hatte setzen helfen. Und gegen dessen und seinen eigenen Lehrer sollte der Freund des Bruders so barbarisch verfahren sein? vgl. Apinus, in der vita Grynæi vor dessen epistolæ.

232) „Paupertate et invidia oppressos,“ sagt Zwinger. Vier Knaben und vier Mädchen (Paul Cherler im epitaphium). Bekannt ist später geworden Friedrich Castalio (so nannte sich die Familie wieder nach des Vaters Tode), Professor in Basel. Ein anderer Sohn, Bonifaz, hatte das Schneiderhandwerk erlernt; ein dritter hieß Thomas; eine Tochter, Sara, schreibt aus der Fremde, wo sie sich in irgend einer dienenden Stellung aufhält, einige Briefe an ihren Vormund Basilius Amerbach und ihre Mutter Maria, welche sich nach Castellio's Tode wieder verheirathet hatte. (S. öffentl. Bibliothek M 8. G. II, 29.) Ich verdanke diese Notizen der Gefälligkeit meines Collegen Fritz Iselin.

233) s. den Titel im Schriftenverzeichniß.

234) Felix = Faustus; Turpio = Socinus; denn die Italiener nennen einen turpis sozzo. Auch Dysidæus nannte sich

---

* omnes ist zu lesen — † justa.

jener Socin; δυσειδής = turpis = sozzo. Freytag Anal. litt. p. 217.

234 b) Grotius urtheilt sehr ungünstig über diese hinterlassenen Schriften des Castellio. Er schreibt an Heinsius 1609: Et ut possim cum viris sapientibus loqui cum ratione legi diligenter Castellionis *dialogos;* invenio miserum interpretem sacrarum litterarum et ut objectiones moventem in argumento fœcundo multiplices ita ad contrarias auctoritates respondentem perfrigide.

235) Denn bei der ersten Ausgabe hatte der academische Senat manche Beschränkung dictirt. „Il fallait obéir et retrancher ce que les curateurs voulurent,“ heißt es in jenem Amsterdamer Mscript.

236) Interessant wegen der Aehnlichkeit mit gewissen Erscheinungen unserer Zeit ist eine Aeußerung Castellio's (in jenem Buche) über damalige Propaganda: Vadunt passim per cauponas et diversoria mercatores circumforanei.... et nihil pæne aliud scientes circumferunt minuta et gestabili forma impressos in hunc usum hac ipsa de re libellos (Tractätchen).

237) Clément, biblioth. curieuse VI, p. 379 seqq. Fabricius, histor. biblioth. Tom. II, p. 510 seqq.

237 b) Schon zu 1 Cor. 14 ist die Lehre von den vier verschiedenen Arten der Schriftsprache, welche Castellio in der von Wettstein erwähnten Schrift ausführt, vorgebildet.

238) Auch Wurstisen in der epitome hist. Bas. p. 110.

239) Sammarthanus elog. Gallor. II, 4. Adam in der vitæ Calvini, Huetius de clar. interpret.

240) Bayle sub voce Castalio, H.

241) In der defensio ad auctorem libelli u. s. w. gegen Beza ad S. Castellio calumnias u. s. w.

242) Im oben erwähnten Briefe.

243) In der defensio ad auctorem libelli u. s. w.

244) Ego vero non quis dicat, sed quid dicatur, attendendum censeo.

245) Haag, la France protestante, Bd. III, „Castellio“.

246) Dieß und das Folgende aus Castellio's Erklärung zu

1 Corinther c. 9. Auch G. Arnold, Kirchen= und Ketzerhistorie I, 320 ff.

247) A. Schweizer, protestant. Centraldogmen I, 310 ff.

248) Zu 1 Corinther, c. 1 u. 2.

249) Vorrede zur Bibelübersetzung. Darin hatte Castellio einen berühmten Vorgänger an dem italienischen Humanisten und Philosophen Picus von Mirandula, der in der Einleitung zu seinem Heptameron nicht nur Pythagoras und Plato, Moses und die Propheten, sondern auch Christus und die Apostel, überhaupt die Priester und Philosophen aller Völker und Zeiten ihre Weis=heit unter Bildern und Räthseln verstecken läßt, weil der große Haufe die kernhafte Speise der Wahrheit nicht ertragen könne. Jene Männer alle sagten nach seiner Meinung in ihren Reden und Schriften etwas ganz Anderes oder auch viel mehr, als sie dem Buchstaben nach zu sagen schienen.

250) Journal helvétique (Avril) 1776.

251) Dieß wenigstens führt E. Stähelin an in seinem „Le=ben Calvin's"; ich weiß es nicht zu belegen.

252) Tractatus de calumnia cap. XI.

253) Dedication des „Jonas" an Argenterius.

254) Tractatus de calumnia l. l.

255) Optime tractasset sacras litteras, si a multis ana-baptismi opinionibus liber fuisset et adjutus ab aliquo heißt es über ihn in den Scaligerana I, 44 (Amsterd. 1740) und unmit=telbar vorher über seinen wissenschaftlichen Charakter: Castalio vulgatis (??) tum in Theologia tum in linguis un Pédan et qui quicquid in buccam venit effutiebat! Das reimt nicht gut.

256) Hottinger, helvet. Kirchengesch., führt den Brief an, ad Lasit. vom 13. Juli 1564.

257) In der Vorrede des Martinus Bellius.

258) Hoc habebat ut ruri interdum accederet coetus Ana-baptistarum et inde deflecteret ad patrem meum Thomam qui.... Roetelam commigravit.

Inhalt.

	Seite.
Einleitung	3
Heimath und Name; Studien; Lyon und Straßburg	6
Aufenthalt und Zerwürfnisse in Genf	11
Aufenthalt in Basel; Bibelübersetzung	19
Oeffentliche Anstellung; Streit mit den Genfern	32
Schriften und Ansichten; philologische Thätigkeit	57
Familienverhältnisse und Freunde	68
Anklage und Vertheidigung; Tod und Grab; Hinterlassenschaft	77
Nachgelassene Schriften	83
Charakter als Mensch, als Christ, als Theologe	88
Chronologisches Verzeichniß der Schriften	99
Beilagen	104
Anmerkungen und Belege	113